Tomas Bohinc

Grundlagen des Projektmanagements

Methoden, Techniken und Tools für Projektleiter

Tomas Bohinc

Grundlagen des Projektmanagements

Methoden, Techniken und Tools für Projektleiter

GABAL

Bibliografische Information der Deutschen Nationalbibliothek

Die Deutsche Nationalbibliothek verzeichnet diese Publikation in der Deutschen Nationalbibliografie; detaillierte bibliografische Daten sind im Internet über http://dnb.d-nb.de abrufbar.

ISBN 978-3-86936-121-5

Lektorat: Friederike Mannsperger, Offenbach
Umschlaggestaltung: Martin Zech Design, Bremen, www.martinzech.de
Satz und Layout: Da-TeX Gerd Blumenstein, Leipzig, www.da-tex.de
Druck und Bindung: Salzland Druck, Staßfurt

2. Auflage 2011

www.gabal-verlag.de

Abonnieren Sie den GABAL-Newsletter unter:
newsletter@gabal-verlag.de

Inhalt

Vorwort

Egal, ob eine IT-Anwendung entwickelt und eingeführt, ein Flughafen gebaut oder eine Organisation verändert wird – immer werden diese Arbeiten als Projekte durchgeführt. Selbst wenn nur kleine Aufgaben zu erledigen sind, die aus dem normalen Geschäft herausfallen, werden hierzu Projekte eingerichtet. Mit Projekten lassen sich neue und einmalige Aufgaben schnell und flexibel erledigen. Dies ist einer der Gründe dafür, warum Projektmanagement in unseren Unternehmen in den letzten Jahren immer bedeutender geworden ist.

Projektmanagementwissen ist in vielen Berufen die Basis für eine erfolgreiche Karriere. Mitarbeiter, die fit im Projektmanagement sind, werden gesucht. Und ein erfolgreiches Projekt geleitet oder in einem erfolgreichen Projekt mitgearbeitet zu haben ist in vielen Fällen auch ein Sprungbrett auf der Karriereleiter.

Erfolgreiche Projektarbeit beruht auf zwei Standbeinen: Der souveränen Beherrschung der Methoden, Techniken und Tools des Projektmanagements und gut ausgeprägten Soft Skills. In meinem Buch *Projektmanagement – Soft Skills für Projektleiter* habe ich die zweite, eher weiche Seite des Projektmanagements dargestellt. In diesem Buch steht die erste, harte Seite des Projektmanagements im Mittelpunkt. Sie erfahren hier, wie Sie Projekte erfolgreich starten, planen, durchführen, überwachen und kontrollieren und, last but not least, wie Sie ein Projekt abschließen und das Ergebnis an die Nutzer übergeben.

Bei der Beschreibung der Grundlagen der Methoden, Techniken und Tools des Projektmanagements habe ich mich am Standard des Project Management Institute (PMI®) orientiert, denn der PMI®-Standard ist weltweit am verbreitetsten und wird auch von vielen Trainingsanbietern für die Vermittlung der Projektmanagementmethode genutzt.

Dieses Buch ist ein Wegweiser durch die vielen Fachgebiete, aus denen Projektmanagement besteht: Operations Research, Terminmanagement, Kostenrechnung, Qualitätsmanagement, Personalmanagement, Kommunikationswesen, Risikomanagement, Beschaffungswesen und viele andere. Ich nutze diesen Wegweiser, um die Grundlagen all dieser für das Projektmanagement wichtigen Wissensgebiete darzustellen.

Projektmanagement ist ein großes Themengebiet. In diesem Buch habe ich den Schwerpunkt darauf gelegt, was ein Projektleiter im Allgemeinen für das Management seiner Projekte wissen muss und was für seine Praxis hilfreich ist.

Ich danke Henning Zeumer, Vice President des PMI® Chapters Frankfurt am Main, für seine Unterstützung. Ich danke außerdem den vielen Testlesern, deren Anregungen das Buch lesergerechter und praxisnäher gemacht haben.

Tomas Bohinc

1. Methoden, Techniken und Tools: die harte Seite des Projektmanagements

Beispiel: Plötzlich Projektleiter

Herr Maier wurde von einem Tag auf den anderen Projektleiter: „Übernehmen Sie das Projekt Orion", sagte sein Chef. Ohne zu wissen, was auf ihn zukam, sagte er Ja. In einem Gespräch erklärte ihm sein Chef, was zu tun war. Dann machte er sich gleich an die Arbeit und erstellte ein Balkendiagramm mit den wichtigsten Tätigkeiten. Viele Gestaltungsmöglichkeiten hatte er nicht, denn der Endtermin war fest vorgegeben. Auch die fünf Mitglieder seines Projektteams standen schon fest.

Er zeigte seinem Chef das Balkendiagramm. Dessen Kommentar war: „Wie Sie die Arbeit einteilen, ist mir gleich. Hauptsache, der Endtermin steht." Also legte Herr Maier los. Schon nach einer Woche meldete sich ein Mitglied seines Teams ab mit der Begründung, in einem wichtigeren Projekt mitarbeiten zu müssen. In der nächsten Woche wurde ein weiteres Mitglied seines Teams krank. Inzwischen waren die ersten Arbeiten schon im Verzug. Herr Maier übernahm die Aufgaben seiner fehlenden Projektmitglieder und arbeitete inzwischen zehn Stunden täglich. Und es fehlte ihm immer noch Zeit.

Und dann kam noch zusätzlicher Ärger. Als er eine Software kaufen wollte, die für die Erstellung eines Ergebnisses notwendig war, fehlte das Geld. Durch viele Gespräche erreichte er endlich, dass sein Chef dem Kauf zustimmte. Als die Software kam, war es schon zu spät.

Ein Unglück kommt selten allein, sagt man. Gerade als der Stress am größten wurde, ging der PC von Herrn Maier kaputt. Es dauerte drei Tage, bis er wiederhergestellt war, und einige Daten gingen verloren.

Einen Monat später als geplant, gab er das Ergebnis ab. Aber statt Lob für die viele Extraarbeit zu ernten, bekam er von seinem Chef nur gesagt, was alles fehlte oder nicht stimmte. Inzwischen war Herr Maier allein im Projekt, denn die anderen Mitglieder waren längst schon verplant und mit anderen Aufgaben beschäftigt. Die Restarbeiten blieben also an ihm hängen.

Warum dieses Projekt schiefging, erfahren Sie in diesem Buch. Und mit den hier vorgestellten Methoden, Techniken und Tools des Projektmanagements bekommen Sie als Projektleiter Instrumente an die Hand, Projekte so zu bearbeiten, dass sie zum Erfolg führen.

Die Methoden, Techniken und Tools des Projektmanagements sind aus den Erfahrungen vieler Projektleiter hervorgegangen. Dabei haben sich folgende Grundpfeiler herauskristallisiert:

Projektarbeit unterscheidet sich von der Linientätigkeit

Projekt und Linie

Während sich in der Linie die Arbeiten immer wiederholen, ist Projektarbeit einmalig. Mit ihr wird eine Aufgabe der Organisation, die nicht in die Linie passt, aus der Organisation herausgelöst. Dafür gelten dann andere Regeln als bei der Bearbeitung von Linienaufgaben. Was Projekte von der Linientätigkeit unterscheidet, erfahren Sie im zweiten Kapitel „Erfolgsfaktor Projektmanagement".

Projektmanagement strukturiert die Arbeit im Projekt

Projektmanagementprozesse

Erfahrungen haben gezeigt, dass Projekte immer nach einer gleichen Struktur bearbeitet werden können. Erst werden die Arbeiten geplant, dann ausgeführt, schließlich werden die ausgeführten Tätigkeiten kontrolliert. Wenn alle Arbeiten beendet sind, wird das Projekt abgeschlossen. Wie diese Prozesse im Detail aussehen und zusammenhängen, erfahren Sie im dritten Kapitel „Projekte planen, ausführen und steuern".

Vereinbaren, was zu tun ist

Bei einer Linientätigkeit reicht oft ein Stichwort aus, und der Mitarbeiter weiß genau, was zu tun ist, denn er hat diese Tätigkeit schon hundertmal gemacht. In einem Projekt ist dies anders. Mit einem Stichwort ist noch lange nicht allen klar, was zu tun ist, denn jeder interpretiert es anders. Die Beschreibung des Projektinhalts ist ein Prozess zwischen allen Beteiligten, bei dem diese sich darauf verständigen, was am Ende des Projekts erreicht sein soll. Wie Sie dabei vorgehen, erfahren Sie im vierten Kapitel „Inhalts- und Umfangsmanagement: Liefern, was bestellt ist."

Inhalts- und Umfangsmanagement

Termine planen, überwachen und kontrollieren

Zu Beginn des Projekts können Sie nicht wissen, wie lange es dauern wird. Sie können den notwendigen Aufwand und die Dauer nur schätzen. Je genauer diese Schätzungen sind, desto besser können Sie bei der Projektausführung dann auch diesen Termin einhalten sowie einen realistischen Zeitplan erstellen und überwachen. Wie Sie bei der Terminplanung vorgehen, steht im fünften Kapitel „Terminmanagement: Planen, was zu tun ist".

Terminmanagement

Projektbudget sichern

Projekte kosten Geld. Selbst wenn die Projektmitarbeiter aus der Linie abgeordnet und die Personalkosten nicht berechnet werden, entstehen Kosten für Geräte oder Leistungen. Nur wenn der Projektleiter ein Budget hat, kann er es wirklich managen. Wie Sie die Kosten im Projekt schätzen und ein realistisches Projektbudget bestimmen, ist der Inhalt des sechsten Kapitels „Kostenmanagement: Das Budget im Griff behalten".

Kostenmanagement

Fehler vermeiden und Fehler entdecken

Nicht jedes Projektmitglied arbeitet gleich gut und auch gute Projektmitarbeiter machen Fehler. Weder das eine noch das andere darf dazu führen, dass der Auftraggeber oder Kunde ein schlechtes Produkt bekommt. Qualität erreichen Sie durch Prozesse und Standards, mit denen Fehler vermieden werden. Durch Kontrollen

Qualitätsmanagement

und Prüfungen erreichen Sie, dass Fehler im Projekt und nicht erst durch den Kunden entdeckt werden. Wie Sie in Ihrem Projekt Fehler vermeiden und entdecken, erfahren Sie im siebten Kapitel „Qualitätsmanagement: Liefern, was bestellt ist".

Projektteam entwickeln und Projektmitarbeiter führen

Personalmanagement

Je nach der Größe des Projekts handeln Sie wie eine kleine Abteilung oder ein mittelständisches Unternehmen. Und das heißt, Sie müssen die richtigen Leute an Bord holen, sie zu einem Team formen und jeden einzelnen Projektmitarbeiter führen. Sie tun dies wie jede andere Führungskraft im Unternehmen, jedoch mit einem Unterschied: Sie führen ohne die disziplinarische Macht eines Linienvorgesetzten. Welche Mittel Sie als Projektleiter haben, um Ihr Team zu führen, erfahren Sie im achten Kapitel „Personalmanagement: der richtige Mann am richtigen Platz".

Informationen sammeln und verteilen

Kommunikationsmanagement

Der Hauptteil der Projektleitertätigkeit besteht aus Kommunikation. Denn der Projektleiter ist die Informationszentrale des Projekts. Bei ihm laufen alle Fäden zusammen und er verteilt die Informationen wieder. Wie Sie ihre Kommunikation organisieren, ist im neunten Kapitel „Kommunikationsmanagement: informieren, informieren, informieren" beschrieben.

Mit Risiken rechnen

Risikomanagement

Risiken kann man nicht verhindern. Mitarbeiter werden krank, PCs fallen aus und Geräte werden nicht rechtzeitig geliefert. Verhindern kann man jedoch, dass die Projektbeteiligten völlig überrascht sind, wenn ein Problem aufkommt. Risikomanagement in Projekten verhindert keine Risiken, aber es mildert deren Auswirkungen. Wie sie mit Risiken in Projekten umgehen, erfahren Sie im zehnten Kapitel „Risikomanagement: Schäden vermeiden, Chancen nutzen".

Einkaufsregeln beachten

Nicht alles können Sie im Projekt selbst machen. Besonders bei großen Projekten müssen Leistungen eingekauft werden. Dazu müssen Sie die Regeln der Organisation für den Einkauf beachten. Der Einkauf muss bei allen Beschaffungen mit im Boot sein. Wie Ihnen dies gelingt, beschreibt das elfte Kapitel „Beschaffungsmanagement: einkaufen, was man nicht selbst machen kann“.

Beschaffungsmanagement

Der Projektleiter ist der Mittelpunkt

Der Projektleiter ist der Kapitän im Projekt. Er bestimmt den Kurs, er steht auf der Kommandobrücke und behält alles im Blick. Er muss dafür sorgen, dass sein Projekt trotz Veränderungen im Projektumfeld und im Projektverlauf im Plan bleibt. Welche Aufgaben der Projektleiter hat, beschreibt das zwölfte Kapitel „Integrationsmanagement: die Fäden in der Hand behalten“.

Integrationsmanagement

2. Erfolgsfaktor Projektmanagement

Gäbe es keine Projekte, so müsste man sie erfinden. Denn viele Aufgaben, die heute ein Unternehmen zu erledigen hat, sind innerhalb einer vorgegebenen Zeit beendet und müssen schnell und flexibel durchgeführt werden. In einer Linienorganisation mit hierarchisch gegliedertem System gibt es jedoch wenig Flexibilität auf jeder Ebene. Projekte gibt es also gerade deswegen, weil die klassische Organisationsform der Hierarchie für diese zeitlich begrenzten Aufgaben nicht oder nicht so gut geeignet ist.

Wie schon erwähnt, wird in Projekten anders gearbeitet als in der Linie. Projekte haben ihre eigenen Prozesse und Regeln. Projektleiter brauchen dafür ein spezielles Wissen, besondere Fähigkeiten und eigens für das Projektmanagement entwickelte Werkzeuge.

In diesem Kapitel erhalten Sie Antworten auf die folgenden Fragen:

- Warum braucht man Projektmanagement?
- Wie hängen Projekte mit der Organisation des Unternehmens zusammen?
- Wie laufen Projekte normalerweise ab?

Linienorganisation und Projektarbeit

Große Projekte der Menschheit

Der Turmbau zu Babel, die Pyramiden in Ägypten und die Entdeckung Amerikas sind Beispiele für große Projekte in der Menschheitsgeschichte. Sie wurden durchgeführt, ohne dass es dafür ein ausgefeiltes Projektmanagement gab. Erst im 20. Jahrhundert wurden die Erfahrungen bei der Durchführung solcher Vorhaben wissenschaftlich untersucht und bisher informelle Verfahren systematisiert und als Methoden beschrieben. Das Manhattan Engineering District Project von 1941, mit dem die erste Atombombe entwickelt wurde, und das Apollo-Projekt der NASA waren die ersten nach den Prinzipien des modernen Projektmanagements durchgeführten Projekte.

Normen und Standards

Die Aufgabenstellungen, Methoden und Instrumente des Projektmanagements sind gut dokumentiert. Im internationalen Bereich hat sich der Standard des amerikanischen Project Management Institute (PMI®) durchgesetzt. Dieses Institut bringt mit seinem *Guide to the Project Management Body of Knowledge* (*PMBOK® Guide, A Guide to Project Management Body of Knowledge*) das englischsprachige Standardwerk zum Projektmanagement heraus.

Für Deutschland beschreibt die Norm DIN 69901 „Projektmanagement – Projektmanagmentsysteme" das Projektmanagement. Weitere wichtige Standards sind die International Competence Baseline (ICB) und PRINCE2 (Projects in Controlled Environments). Ersteres ist der Standard des Projektmanagementverbandes International Project Management Association (IPMA) und das zweite ein De-facto-Standard in Großbritannien.

Agiles Projektmanagement

In der Softwareentwicklung wurde das traditionelle Projektmanagement weiterentwickelt. Daraus entstand Scrum (engl. für Gedränge), ein Vorgehensmodell mit Meetings, Artefakten, Rollen, Werten und Grundüberzeugungen, das beim Entwickeln von Produkten im Rahmen agiler Softwareentwicklung eingesetzt wird.

Die klassische Linienorganisation hat dort ihre Bedeutung, wo Dienstleistungen und Produkte nach immer gleichen Regeln und Verfahren erbracht oder erstellt werden. Immer dann, wenn ein Produkt nur einmal erzeugt oder eine Dienstleistung nur einmal erbracht wird, müssen für diesen Einzelfall die Regeln und Verfahren jedes Mal neu beschrieben werden. Und genau dafür gibt es Projektmanagement.

Ein Projekt ist ein zeitlich begrenztes Vorhaben, mit dem ein einmaliges Produkt, eine einmalige Dienstleistung oder ein einmaliges Ergebnis geschaffen wird.

Gründe für Projektmanagement

Die folgenden Gründe sind dafür verantwortlich, dass Projekte in Unternehmen, aber auch in öffentlichen Verwaltungen, eine immer größere Bedeutung gewinnen:

- Kunden brauchen immer mehr auf ihre Bedürfnisse zugeschnittene Dienstleistungen und Produkte. Damit werden immer mehr Einzelfertigungen notwendig.
- Produktzyklen verkürzen sich. Damit werden immer mehr Klein- und Kleinstserienfertigungen erforderlich.
- Die Anforderungen an Software werden immer spezieller und damit wächst die Bedeutung von Softwareprodukten, die auf bestimmte Anwendungsfälle zugeschnitten sind.
- Organisationsveränderungen nehmen zu und diese werden immer mehr als Projekt geplant und durchgeführt.

Projektmerkmale

An Projekten können wenige Personen beteiligt sein oder mehrere Tausend. Sie können Tage dauern oder mehrere Jahre. Sie können eine Abteilung betreffen, aber auch mehrere Unternehmen umfassen. Unabhängig davon folgen sie immer einer gleichen Logik. Sie haben typische Eigenschaften und unterscheiden sich dadurch von den Aufgaben, die innerhalb der Linienorganisation wahrgenommen werden. Ziel des Projekts ist, dass das Projektziel erreicht wird. Während der Betrieb immer weiterläuft, ist das Projekt beendet, wenn das Ziel erreicht ist.

☑

So stellen Sie fest, ob ein Vorhaben ein Projekt ist:

- ☐ **Zeitliche Befristung:** Ein Projekt hat einen definierten Anfang, aber auch ein definiertes Ende.
- ☐ **Zielvorgabe:** Mit dem Projekt soll ein Ziel erreicht werden. Dieses muss sich mit den Zielen der Organisation decken, in der es durchgeführt wird.
- ☐ **Einmaligkeit:** Die in einem Projekt durchzuführenden Aufgaben müssen einmalig oder neuartig sein.
- ☐ **Komplexität:** Ein Projekt besteht aus einer Vielzahl voneinander abhängigen Teilaufgaben.

- ☐ **Disziplinübergreifend:** An der Durchführung sind mehrere unterschiedliche Fachgebiete beteiligt, die in der Regel durch Mitarbeiter verschiedener Abteilungen vertreten werden.
- ☐ **Projektspezifische Organisation**: Die Organisation eines Projekts wird für jedes Projekt neu definiert und orientiert sich an den Anforderungen der Projektaufgabe.
- ☐ **Unsicherheit und Risiko:** Aufgrund der Einmaligkeit und der Rahmenbedingungen des Projekts ist die Durchführung immer mit Unsicherheiten verbunden, da nicht alle möglichen Ereignisse, die den Projekterfolg gefährden können, bekannt sind.

Typische Projekte sind die Entwicklung eines neuen Produkts, die Errichtung eines Gebäudes, Veränderungen in der Struktur einer Organisation, die Einführung neuer Prozesse, die Entwicklung eines Informationssystems oder die Durchführung einer Kampagne.

Projekte in die Unternehmenskultur einbinden

Ein Projekt funktioniert aber nur dann gut, wenn das Unternehmen auf Projektarbeit eingestellt ist. Projekte brauchen in der Organisation einen Freiraum, in dem die ihnen eigene Organisation entfaltet werden kann. Erfolgreich sind Unternehmen mit Projektarbeit dann, wenn diese, wie die Linienarbeit, ein fester Bestandteil der Unternehmensorganisation, der Prozesse und der Unternehmenskultur ist.

Projektmanagementdreieck

Das „Magische Dreieck“ des Projektmanagements in Abbildung 1 (siehe nächste Seite) ist die symbolische Darstellung der drei zentralen Punkte, die ein Projekt kennzeichnen. Sie sind gleichzeitig auch die drei größten Risikofaktoren im Projekt. Diese sind:

- Der Termin, bis zu dem das Projektziel erreicht sein muss.
- Die Kosten, die für die Bearbeitung der Projektaufgabe maximal eingesetzt werden können. Dazu gehören Finanzmittel, Arbeitskräfte und andere Ressourcen.
- Der Inhalt, welcher durch das Projektziel beschrieben wird.

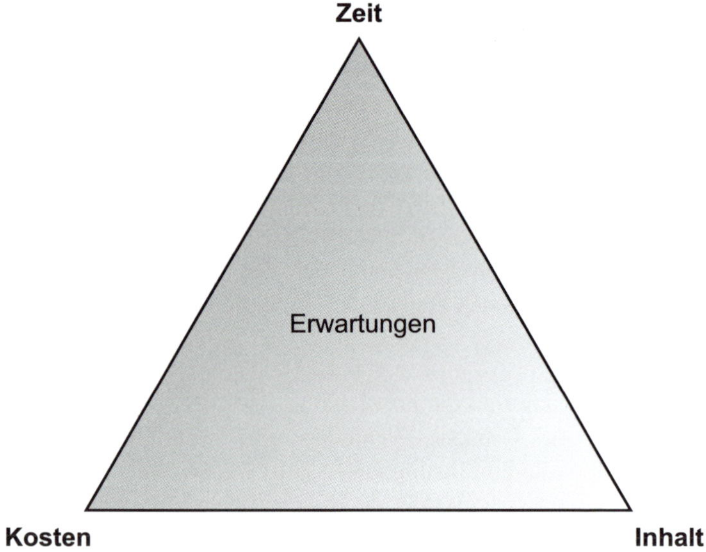

Abbildung 1: Zeit, Kosten und Inhalt eines Projekts müssen in einem ausgewogenen Verhältnis stehen.

Diese drei Inhalte werden an die Ecken eines gleichseitigen Dreiecks gesetzt. Es stellt eine zentrale Grundaussage des Projektmanagements dar: Bleibt die Größe des Dreiecks gleich, dann kann eine Ecke nur dann verändert werden, wenn gleichzeitig auch mindestens eine der anderen Ecken verändert wird. Das Dreieck ist somit ein Symbol des Projektmanagements. Projekte müssen zu einem geplanten Termin beendet sein. Davon hängen die Anzahl der Mitarbeiter, die dafür erforderlich sind, aber auch Inhalt und Umfang des Projekts ab. Steht aber die Qualität des Projekts an erster Stelle, muss eventuell der Termin hinausgeschoben oder Inhalt und Umfang des Projekts müssen verringert werden, wenn man feststellt, dass die geplante Zeit nicht ausreicht.

Grenzen und Handlungsspielräume für das Projekt

Wichtige Faktoren bei der Projektarbeit

Projekte werden nicht auf der „grünen Wiese" durchgeführt. Sie sind eingebettet in eine größere Organisation, ein Unternehmen, einen Verein oder eine Regierungsbehörde. Diese Organisationen beeinflussen das Projekt. In einer Organisation, die viele Regeln für die Durchführung von Projekten hat, werden Sie Ihr Projekt anders managen, als wenn Sie einer Organisation angehören, die Projekten vollkommen freien Lauf lässt. Sie werden Ihr Projekt auch anders managen, je nachdem, ob die Firmenkultur durch Kooperation geprägt ist oder Misstrauen in der Organisation zum Überleben gehört. Und wenn in der Organisation Projektarbeit Ansehen genießt, werden Sie anders vorgehen, als wenn diese nur als ein zusätzliches Übel betrachtet wird.

Projektorganisation

Eine Projektorganisation muss drei Kriterien erfüllen:

- Sie ist eine zeitlich befristete Organisation. Sie besteht nur für die Dauer des Projekts und wird danach wieder aufgelöst.
- Die Projektmitglieder werden für die Dauer ihrer Projektaufgabe von der Linie freigestellt. Dabei ist ihre Stellung innerhalb des Projektteams unabhängig von ihrer Stellung in der Linienorganisation.
- Die Zusammensetzung des Projektteams kann sich während der Laufzeit des Projekts ändern.

Es gibt keine feste Regel, nach der Projekte in die Organisation eingebunden werden. Die Spannbreite reicht von einer fast reinen Linienorganisation, bei der Projekte eine Ausnahme darstellen, bis hin zu einer Organisation, die fast ausschließlich aus Projekten besteht. Die verschiedenen Formen, wie Projekte in eine Organisation eingebunden sind, zeigt Abbildung 2 (siehe nächste Seite).

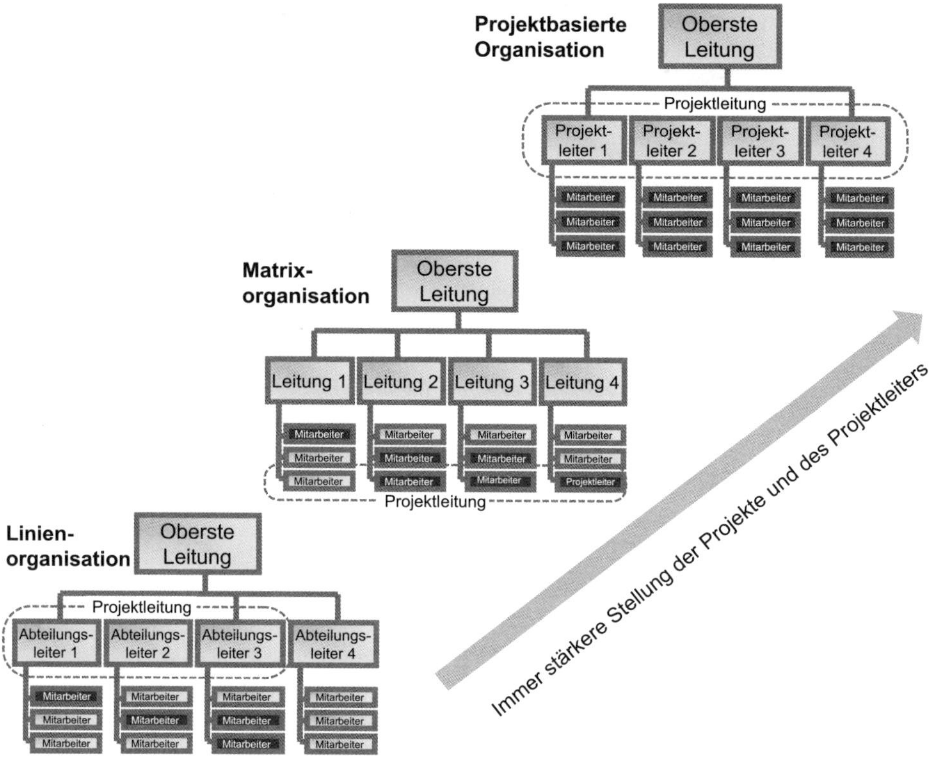

Abbildung 2: Die Stellung der Projekte hängt von ihrer Einbindung in die Organisation ab.

Linienorganisation

Die klassische Linienorganisation ist eine Hierarchie, bei der jeder Mitarbeiter einen Vorgesetzten hat. An der Spitze steht die Unternehmensleitung und darunter sind Bereiche, Abteilungen und Teams angeordnet. Auch in einer Linienorganisation gibt es Projekte. So kann beispielsweise ein Entwurf in der Konstruktionsabteilung als Projekt erarbeitet werden. Aber die Kommunikation mit den anderen Abteilungen erfolgt immer über die jeweiligen Abteilungsleiter.

Die Linienorganisation hat für den Projektleiter überwiegend Nachteile. Die Projektmitglieder orientieren sich mehr an ihrer

Linienfunktion als an der Projektaufgabe, und der Projektleiter hat nur eine sehr geringe Autorität.

Projektbasierte Organisation

Die projektbasierte Organisation kennt keine Abteilungen im klassischen Sinne. Für jedes Produkt wird ein Projekt eingerichtet. Innerhalb einer projektbasierten Organisation entsprechen die Projekte also den Organisationseinheiten. Dies bedeutet, dass die Projektleiter die volle Führungsverantwortung gegenüber den Mitarbeitern im Projektteam haben. Die Mitarbeiter müssen sehr flexibel sein. Auch ein Projektleiter kann nach Ablauf seines Projekts wieder einfaches Mitglied eines neuen Projektteams werden.

Der Vorteil dieser Organisationsform ist, dass der Projektleiter alle Entscheidungskompetenzen hat. Die Kommunikationswege sind kurz und bei Konflikten können alle Beteiligten schnell reagieren. Die Motivation der Projektmitarbeiter ist hoch, da diese ein starkes Zugehörigkeitsgefühl für das Projekt entwickeln können. Nachteile dieser Organisation: Die Zusammenstellung des Projektteams hängt von der Kooperationsbereitschaft der Linienorganisation ab; zudem ist die Wiedereingliederung der Projektmitarbeiter in ihre Linientätigkeit nach dem Projektabschluss schwierig. Die projektbasierte Organisation ist typisch für Netzwerke von gleichberechtigten Partnern oder für die Softwarebranche.

Matrixorganisation

Am häufigsten werden Projekte in Form einer Matrixorganisation in die Unternehmensorganisation eingebunden. Da ein Projekt zeitlich beschränkt ist, bleiben die Mitarbeiter in der Linie und werden nur für die Projektarbeit freigestellt. Bei der Matrixorganisation wird die Verantwortung für das Projekt auf die Führungskräfte in der Linie und die Projektleiter verteilt. Der Projektleiter hat die volle fachliche Verantwortung für das Projekt, aber keine personelle Führung. Diese bleibt bei den Linienvorgesetzten. Der Vorteil ist, dass die Mitarbeiter flexibel einsetzbar sind, und so das Know-how der Mitarbeiter in den Projekten gut genutzt werden kann. Damit kann sehr einfach das Spezialwissen aus den unterschiedlichen Abteilungen in einem Projekt zusammengetragen werden. Die Projektmitarbeiter haben eine große Sicherheit, da sie der Linienorganisation zugeordnet bleiben. Nachteil ist, dass die

Projektaufgabe in einem ständigen Konflikt zu den zu erledigenden Linienaufgaben steht. Dieser muss vom Projektleiter, aber auch den Mitarbeitern, immer wieder ausgetragen werden, da sie sowohl ihre Linienaufgabe wie auch die Projektaufgabe erledigen müssen.

Dominieren in einer Matrixorganisation die Strukturen der Linienorganisation, so spricht man von einer schwachen Matrixorganisation. Das Gegenteil ist die starke Matrixorganisation. Hier haben die Projekte die stärkste Stellung. Organisationen, die zwischen diesen beiden Ausprägungen der Matrixorganisation liegen, nennt man ausgewogene Matrixorganisation.

Rollen in der Projektarbeit

Rollen und Verantwortungen

Von außen betrachtet ist ein Projekt ein Gebilde, bei dem viele Menschen unterschiedliche Dinge tun. Einige sitzen in Meetings zusammen und besprechen, was im Projekt getan werden soll, andere arbeiten alleine an einer bestimmten Sache, und wieder andere erstellen Listen und kontrollieren, ob alles richtig läuft. Wenn ein Projekt gut läuft, dann macht es den Eindruck, als würde alles wie von einer unsichtbaren Hand zusammengehalten. Diese unsichtbare Hand sind die Rollen und Verantwortungen, die dafür sorgen, dass jeder weiß, was er zu tun hat.

Stakeholder

Alle, die am Projekt beteiligt oder davon betroffen sind, werden unter dem Begriff Stakeholder zusammengefasst. Dazu gehören der Auftraggeber, das Projektteam und die Betroffenen und Beteiligten, die ein Interesse am Projekt haben und deren Anforderungen berücksichtigt werden müssen. Denn ein Projekt ist nur dann erfolgreich, wenn alle Anforderungen so gut wie nur möglich in das Projekt integriert sind. Die Liste der Stakeholder in einem Projekt kann sehr lang sein. Denn Projekte berühren oft viele Abteilungen in einem Unternehmen und damit auch die Interessen vieler. Zu den Stakeholdern gehören dabei nicht nur die Personen außerhalb des Projekts, sondern auch alle, die im Projekt arbeiten. Also sind auch der Projektleiter und sein Team Stakeholder des Projekts. Im Folgenden erläutere ich die für jedes Projekt typischen Rollen.

Auftraggeber: nimmt Ergebnis des Projekts ab

Der Auftraggeber oder Kunde nutzt das Ergebnis des Projekts. Er muss also damit zufrieden sein. Er gibt den Inhalt und Umfang des Projekts frei. Damit legt er fest, was Sie tun müssen. Aber auch während des Projekts sollten Sie den Auftraggeber auf dem Laufenden halten. Einmal durch Statusberichte und zum anderen, indem Sie sich auch immer wieder Zwischenergebnisse freigeben lassen. Durch seine Freigabe am Ende des Projekts bescheinigt er Ihnen, dass das Ergebnis den Anforderungen entspricht und keine zusätzlichen Arbeiten mehr erforderlich sind.

Kunde

Teammitglieder: führen das Projekt aus

Die Teammitglieder unterstützen Sie dabei, das Projekt durchzuführen. Unabhängig davon, ob die Teammitglieder in einer Linienfunktion arbeiten und zeitweise das Projekt unterstützen oder ob sie ausschließlich für das Projekt arbeiten, haben sie folgende Aufgaben:

Teammitglieder

- Sie haben die Fachverantwortung.
- Sie sind an der Planung des Projekts beteiligt.
- Sie erstellen Zeit- und Kostenschätzungen.
- Sie berichten den Status der von ihnen übernommenen Aufgaben.
- Sie sind für die Qualität ihrer Arbeit verantwortlich.

Management: bestimmt den Rahmen für das Projekt

Management ist ein Sammelbegriff für alle diejenigen, die organisatorisch über dem Projekt stehen und die Rahmenbedingungen vorgeben. Es ist die Personengruppe, welche über die Auswahl von Projekten bestimmt und die Ziele für das Projekt vorgibt. Von ihnen erhalten Sie den Projektauftrag und damit die Ressourcen und finanziellen Mittel. Wenn Konflikte eskalieren, ist das Management auch immer die oberste Instanz, welche die Entscheidung trifft.

Management

Projektsponsor: vertritt das Projekt in der Geschäftsleitung

Projektsponsor

Der Projektsponsor hat eine besondere Rolle im Management. Er stellt dem Projekt seine Linienmacht zur Verfügung, damit die Interessen des Projekts in der Geschäftsleitung vertreten werden. Er soll vor allem das Projekt bei der Auseinandersetzung mit den Linienvorgesetzen unterstützen. Damit er diese Rolle wahrnehmen kann, muss er immer über den Status des Projekts informiert sein. Ebenso wie der Kunde nimmt auch er das Projektergebnis ab.

Linienvorgesetzte: stellen die Projektmitarbeiter für das Projekt zur Verfügung

Linienvorgesetzte

Ein Projekt greift immer in die Entscheidungsbereiche von Linienvorgesetzten ein. Fachlich, indem im Projekt Ergebnisse erstellt werden, die Einfluss auf die Arbeit in der Linie haben. Und personell, indem der Linienvorgesetze Mitarbeiter für das Projekt bereitstellt. Er oder besser gesagt, seine Mitarbeiter stellen das fachliche Wissen zur Verfügung, damit Sie mit dem Projektteam die Projektaufgabe durchführen können. Er sollte deshalb bereits bei der Planung in das Projekt einbezogen werden. Mit ihm müssen Sie sich über den Einsatz der Mitarbeiter im Projekt abstimmen. Aber auch darin, wie die Arbeit der Mitarbeiter beurteilt wird.

Arbeiten auch am Projekt mit: Lieferanten und Subunternehmer

Lieferanten und Subunternehmer

Lieferanten und Subunternehmer haben oft einen großen Anteil am Projekterfolg. Sie liefern Dinge, die im Projekt nicht selbst erstellt werden können oder bearbeiten Teile des Projekts. Im Unterschied zu anderen Projektmitarbeitern ist ihre Beziehung zum Projekt durch Verträge geregelt. Für sie gelten deshalb nicht immer die gleichen Regeln wie für die anderen Projektmitarbeiter. Je besser die vertraglichen Bestimmungen zu den Projektregeln passen, umso leichter ist die Zusammenarbeit mit Lieferanten und Subunternehmern.

Projektleiter: hält das Projekt zusammen

Als Projektleiter stehen Sie für den Erfolg oder Misserfolg des Projekts gerade. Wie erfolgreich Sie dabei sind, hängt vor allem davon ab, wie gut Sie den Inhalt und Umfang des Projekts verhandeln. Zudem sollte ein Projektleiter sich nur auf das einlassen, was er mit seinem Team realistisch auch leisten kann. Er ist der Integrator im Projekt und als solcher fügt er alle Puzzlesteine zu einem großen Ganzen zusammen. Er sorgt dafür, dass die Mitarbeiter im Projekt ein Team werden und an einem gemeinsamen Strang ziehen. Eine seiner wesentlichen Aufgabe ist es, die Arbeiten im Projekt zu kontrollieren und jederzeit über den Status der Arbeiten informiert zu sein. Während des Projekts handelt er Konflikte aus. Er schließt das Projekt ab und ist wie der Kapitän eines Schiffes der letzte, der aus dem Projekt aussteigt. Projektleiter

Struktur schaffen durch Vorgehensmodelle

Stellen Sie sich vor, Sie entwickeln ein neues Produkt, zum Beispiel ein neues Softwareprogramm. Dies ist ein Projekt. Bevor jedoch der erste Nutzer das Programm auf seinem PC installieren kann, müssen die Anforderungen in einem Fachkonzept beschrieben, die Umsetzung dieser Anforderungen in einem IT-Konzept definiert und das Programm entwickelt sein. Dies geschieht innerhalb der typischen Phasen, welche bei einer Softwareentwicklung durchlaufen werden. Am Ende jeder Phase steht ein Produkt, das die Grundlage für die Arbeiten in der nächsten Phase ist. Alle Phasen zusammengenommen sind der Lebenszyklus des Projekts. Projektlebenszyklus

Der Projekt-Lebenszyklus unterteilt das Projekt zwischen seinem Anfang und seinem Ende in Phasen.

Für bestimmte Produkte gibt es typische Projektlebenszyklen. Jeder Hausbau hat seinen eigenen Lebenszyklus, ebenso wie Projekte in der Softwareentwicklung oder Forschungsprojekte. Eigenschaften von Projektlebenszyklen

Die typische Abfolge der Phasen in einem Projekt ist in Abbildung 3 dargestellt.

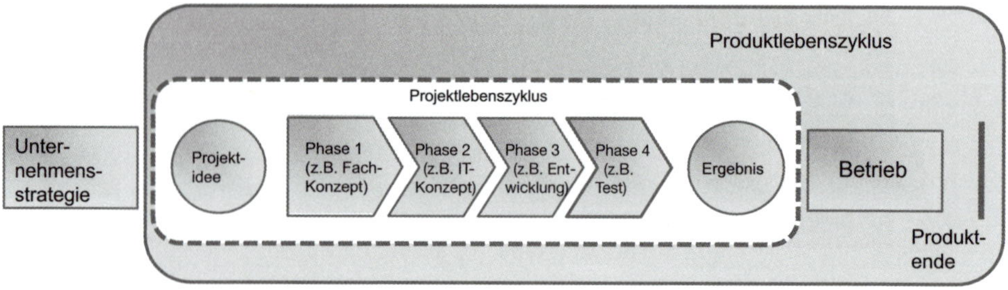

Abbildung 3: Phasen geben dem Projekt eine Struktur.

Phasenabschluss

Eine nächste Projektphase beginnt erst dann, wenn die vorherige vollständig abgeschlossen ist. Es macht keinen Sinn, mit der Programmierung zu beginnen, wenn das IT-Konzept noch nicht fertig ist.

Projekt und Produktlebenszyklus

Für die meisten Produkte beginnt das Leben erst, nachdem das Projekt abgeschlossen ist. Eine Software entfaltet ihren Nutzen erst dann, wenn sie genutzt wird, ein Auto wirft erst Gewinn ab, wenn es verkauft wird, und die Neuorganisation eines Unternehmens zeigt ihre Wirkung erst, wenn sie umgesetzt ist. Machen Sie sich immer bewusst, dass Ihr Projekt nur ein Teil vom Lebenszyklus des Produkts ist. Ihr Projekt trägt mit zum Erfolg des Produkts bei, wenn Sie auch dessen Lebenszyklus berücksichtigen und bereits bei der Entwicklung dessen Pflege und Wartung im Auge behalten.

3. Projekte planen, ausführen und steuern

Warum scheitern Projekte? Sie scheitern, weil oft einfach losgearbeitet wird, ohne zu überlegen, was genau zu tun ist und wie es am besten erledigt werden kann.

Projekte als Reise planen

Projektmanagement kann man mit einer guten Reiseplanung vergleichen: Vor der Reise legen Sie das Reiseziel genau fest. Dann überlegen Sie, auf welchem Weg Sie dieses Ziel am besten erreichen. Während der Reise folgen Sie genau ihrem Reiseplan. Sie nehmen den ausgesuchten Zug, die ausgewählte Flugverbindung und folgen der Straßenkarte. Nicht jede Reise läuft glatt. Es gibt immer Ereignisse, die den Reiseplan verändern. Auch dann überlegen Sie, wie die Reise ab besten weitergeht, und machen sich einen neuen Reiseplan.

Nicht anders gehen Sie in Projekten vor. Denn konsequent angewendetes Projektmanagement sorgt erstens dafür, dass zu Beginn des Projekts alle ein gemeinsames Verständnis von den Zielen und dem Ergebnis haben. Zweitens werden im Projektmanagement die Arbeiten erst geplant und dann so wie im Plan ausgeführt. Und drittens entscheiden Sie bei allen Abweichungen und Änderungen, welche Auswirkungen diese haben und wie das Projekt weiter fortgeführt wird.

In diesem Kapitel erhalten Sie Antworten auf die folgenden Fragen:

- Wie hängen die Tätigkeiten in einem Projekt zusammen?
- Was muss getan werden, um ein Projekt zu starten?
- Welche Dinge sind in einem Projekt zu planen?
- Was muss der Projektleiter bei der Projektausführung tun?
- Wie kann die Projektausführung überwacht werden?
- Wann ist ein Projekt abgeschlossen?

Projektmanagementprozesse

Damit in einem Projekt alles wie am Schnürchen läuft, müssen viele Dinge zusammenspielen. Das Project Management Institute (PMI®) hat für alle in einem Projekt zu erledigenden Arbeiten 64 Prozesse definiert. Sie beschreiben alle Tätigkeiten von der Auftragsvergabe bis zum Abschluss des Projekts. Die Aufgabe des Projektleiters ist es, dafür zu sorgen, dass diese Tätigkeiten erledigt werden.

Projektmanagement bedeutet, von der Auftragsvergabe bis zum Projektabschluss alle Tätigkeiten für die Projektdurchführung zu steuern.

Deming-Kreis

Ein für das Projektmanagement wichtiges Prinzip wurde von William Deming entwickelt und besagt:

- Plane, bevor Du etwas tust.
- Tue das, was Du geplant hast.
- Prüfe, ob das Getane dem Plan entspricht.
- Entscheide, was zu tun ist, wenn die Ausführung nicht mit dem Plan übereinstimmt.
- Beginne den Kreislauf wieder von Neuem.

Alle Tätigkeiten im Projektmanagement hängen nach der inneren Logik des Deming-Kreises zusammen. Dabei werden mehrere Tätigkeiten zu sogenannten Prozessgruppen zusammengefasst. Diese sind in Abbildung 4 (siehe nächste Seite) dargestellt. Jedes Projekt wird initiiert. Dann beginnen die Tätigkeiten, mit denen das Projekt realisiert wird. Das Projekt wird geplant, dann ausgeführt; die Ausführung wird überwacht und gesteuert. Dieser Kreislauf wird so lange fortgesetzt, bis das Projektziel erreicht ist und das Projekt abgeschlossen werden kann.

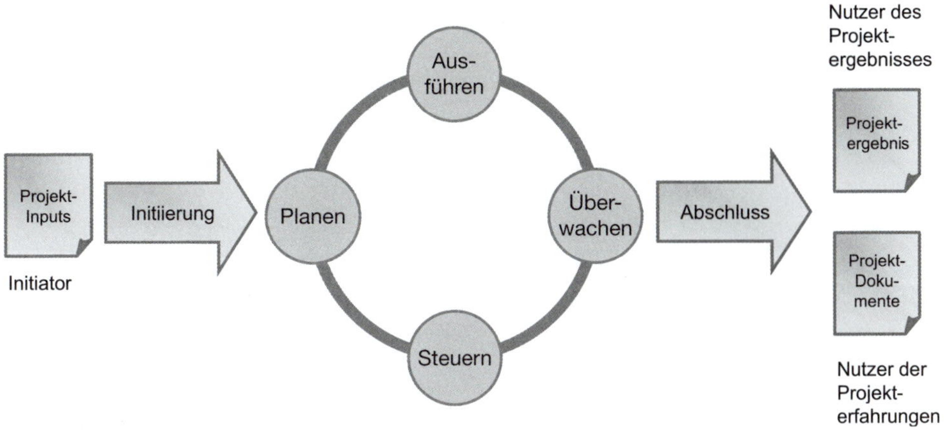

Abbildung 4: Planung, Überwachung und Steuerung bilden einen Regelkreis.

Die Arbeiten im Projektmanagement werden als Prozesse bezeichnet. Prozesse beschreiben, wie der Projektauftrag zustande kommt, der Projektplan erstellt wird oder wie Berichte zu erstellen sind. Jeder Prozess erzeugt ein Ergebnis, das zum Managen des Projekts erforderlich ist. So liefern die Initialisierungsprozesse die Anforderungen an das Projekt. In den Planungsprozessen wird daraus der Projektplan. Dieser wiederum ist die Grundlage für die Ausführung. Diese liefert schließlich das Ergebnis, das in den Prozessen im Projektabschluss die Grundlage für die formale Beendigung des Projekts bildet.

Prozesse sind miteinander verbunden

Initiierung

Ein Projekt ist erst dann ein Projekt, wenn es auch formal in der Organisation eingerichtet und ein Projektleiter ernannt ist, der dafür die Verantwortung trägt. All das, was dabei zu tun ist, wird unter dem Begriff „Projektinitiierung" zusammengefasst.

Projekt initiieren

Planung

Projekt planen

Alle Tätigkeiten, mit denen ein Projekt geplant wird, werden unter dem Begriff „Projektplanung" zusammengefasst. Bei diesen Plänen wird alles berücksichtigt, was für die erfolgreiche Durchführung wichtig ist: Termine, Kosten, Qualität, Personal, Kommunikation, Risikobewältigung und die Beschaffung. Ergebnis der Planung sind Teilpläne, die zum Projektplan zusammengefasst werden.

Ausführung

Projekt ausführen

Das, was geplant wurde, wird ausgeführt. Dies heißt: Mitarbeiter und andere Ressourcen werden koordiniert. Zur Ausführung gehören nicht nur die Tätigkeiten, mit denen der Projektplan umgesetzt wird, sondern auch Tätigkeiten, welche die Umsetzung unterstützen, wie die Qualitätssicherung, das Informationswesen, die Entwicklung des Projektteams oder auch die Lieferantenauswahl.

Überwachung und Steuerung

Projekt überwachen und steuern

Überwachen bedeutet festzustellen, ob das, was geplant wurde, auch gemacht wird. Steuern bedeutet, die Ergebnisse der Projektüberwachung zu bewerten: Ist alles im grünen Bereich oder müssen Dinge verändert werden? Die Antwort auf diese Frage liefert die Grundlage für die Entscheidungen, ob und wie die Durchführung fortgesetzt wird oder ob die Planung verändert werden muss.

Abschluss

Projekt abschließen

Planen, ausführen, überwachen und steuern sind Tätigkeiten, die so lange immer wieder ausgeführt werden, bis das Ergebnis vorliegt. So wie ein Projekt formal eingerichtet ist, muss es auch formal abgeschlossen werden. Damit wird das Ergebnis dem Auftraggeber übergeben, Erfahrungen für künftige Projekte werden festgehalten und der Projektleiter wird entlastet.

Neben dem Produkt oder der Dienstleistung, für das bzw. die das Projekt eingerichtet wurde, wie zum Beispiel ein Softwareprogramm, eine Brücke oder ein neues Produkt, entstehen darüber hinaus noch alle während des Projekts erstellten Dokumente wie Pläne, Prozessbeschreibungen und Berichte. Diese Ergebnisse sollten gut aufbewahrt werden. Denn sie bilden eine Informationsquelle für andere Projekte.

Input und Output

Projekte unterscheiden sich von Linientätigkeiten vor allem dadurch, dass während des Projektverlaufs immer neue Erkenntnisse gewonnen werden, die ihrerseits Einfluss auf den Verlauf des Projekts haben. Ein Projekt, das so abläuft, wie es einmal geplant wurde, gibt es so gut wie nicht. Und dies hat eine entscheidende Konsequenz für den Projektleiter: Es bedeutet, dass die Projektplanung immer wieder verändert werden muss, wenn neue Erkenntnisse gewonnen werden.

Prozesse werden immer wieder durchlaufen

Projekte, die in mehrere Phasen unterteilt sind, durchlaufen die Projektmanagementprozesse in jeder der Phasen. Konkret heißt dies zum Beispiel: Ein Projekt für eine Softwareentwicklung ist in die Phasen Fachkonzept, IT-Konzept, Entwicklung, Test und Betriebsübergabe unterteilt und durchläuft in jeder Phase alle Projektmanagementprozesse. Dies ist in Abbildung 5 dargestellt.

Projektphasen und Projektprozesse

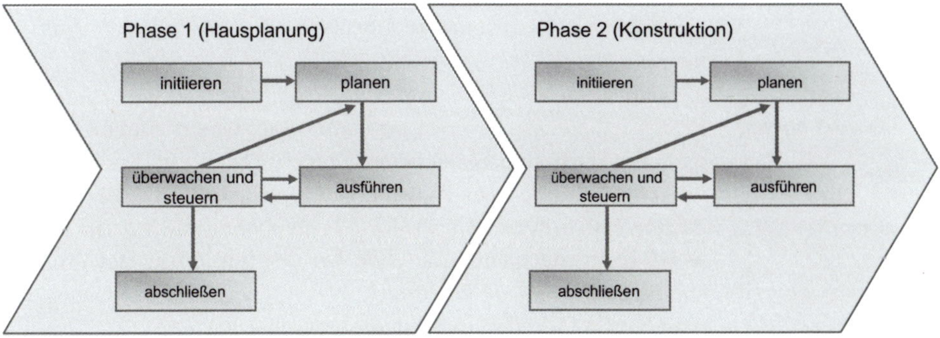

Abbildung 5: Jede Phase hat die gleichen Projektmanagementprozesse.

Von der Projektidee bis zum Projektauftrag

Projekte sind kleine Unternehmen

Projekte fallen nicht vom Himmel. Idealerweise werden in der Linienorganisation Projektideen entwickelt, bewertet und ausgewählt. Sie als Projektleiter erhalten dann den formalen Auftrag, das Projekt durchzuführen. Ein Projekt beginnt damit, dass ein Manager aus der Linienorganisation Sie als Projektleiter beauftragt. Schon in dieser ersten Phase des Projekts haben Sie es in der Hand, wie erfolgreich Ihr Projekt sein wird.

Projektauftrag

Projekte sind nur dann erfolgreich, wenn sie einen klaren und realisierbaren Auftrag haben. Bleibt der Auftrag schwammig und bleiben die Rahmenbedingungen unklar, dann sind Probleme im Projekt vorprogrammiert.

Der Projektauftrag beschreibt die Anforderung an das Projekt und genehmigt es formell. Durch den Projektauftrag wird ein Teil der Tätigkeiten aus der Linie herausgelöst und dem Projekt übertragen.

Projektidee umsetzen

Ein Projekt beginnt oft mit einer Idee. Diese ist meist noch sehr unklar formuliert. Wird für die Umsetzung der Idee ein Projekt initiiert, dann werden so lange Informationen zusammengetragen, verdichtet und konsolidiert, bis am Ende ein konkreter Auftrag formuliert ist.

Projekt nutzen

Erfolg haben nur Projektideen, die dem Unternehmen Nutzen bringen. Projektideen, bei denen Zahlen, Daten und Fakten nachweisen, dass mit dem Projektergebnis das Unternehmen besser dasteht als vorher. Denn Projekte kosten Geld und binden Mitarbeiter des Unternehmens. Schon bei der Initiierung des Projekts sollten Sie prüfen, ob das Projekt einen Nutzen für das Unternehmen hat und mit dessen Strategie vereinbar ist.

Es liegt in der Natur eines Projekts, dass es die Interessen mehrerer Personen im Unternehmen einschließt. Diese müssen Sie kennen, um zu wissen, welche Anforderungen Sie erfüllen müssen, damit nicht nur der Auftraggeber, sondern auch alle anderen vom Projektergebnis Betroffenen zufrieden sind. Denn sie entscheiden mit, ob das Ergebnis in der Organisation akzeptiert wird oder nicht. Projekte brauchen auch einen Sponsor im Management, der Sie als Projektleiter unterstützt, wenn Sie eine Entscheidung des Managements benötigen. Wer der Sponsor ist, hängt natürlich von der Größe des Projekts ab. Bei einem kleinen Projekt, das nur einen Teil der Linienorganisation betrifft, kann der Sponsor ein Abteilungsleiter sein. Ein millionenschweres Projekt, von dessen Erfolg das Schicksal des Unternehmens abhängt, braucht einen Sponsor in der Unternehmensleitung.

Projekt verankern

Unternehmen, die keine Produkte erstellen, sondern Lösungen für Kunden erarbeiten oder entwickeln, wie zum Beispiel Softwarehäuser, tun dies mit Projekten. Bei diesen sogenannten Kundenprojekten ist der Kunde der Auftraggeber. Sie als Projektleiter führen in diesem Fall ein Projekt für eine andere Organisation durch. Sie müssen hier nicht nur die Stakeholder in der eigenen Organisation berücksichtigen, sondern auch die Stakeholder in der Organisation des Kunden.

Kundenprojekte

Projekte werden auch nicht im „luftleeren Raum" durchgeführt. Industriestandards, Unternehmensrichtlinien, Vorschriften und sogar Gesetze können bestimmen, wie Sie vorgehen müssen und welche Anforderungen das Ergebnis erfüllen muss. Unabhängig davon, ob diese im Projektauftrag stehen oder nicht, müssen Sie sie beachten. Sie schränken Ihren Gestaltungsspielraum ein und verursachen in der Regel auch höhere Kosten.

Standards beachten

Beginnen Sie nur Projekte, die Aussicht auf Erfolg haben. Prüfen Sie, bevor Sie beginnen, ob das Projekt die Voraussetzungen für eine erfolgreiche Durchführung erfüllt. Sollte dies nicht der Fall sein, klären Sie mit Ihrem Auftraggeber, wie die Voraussetzungen erfüllt werden können. Sie sollten ein Projekt lieber ablehnen, bevor Sie ein Projekt beginnen, das sozusagen „auf Sand gebaut" ist.

Projektvoraussetzungen

So prüfen Sie die Voraussetzungen für Ihr Projekt:

- ☐ Eine Kosten-Nutzen-Analyse für das Projekt wurde erstellt.
- ☐ Das Projektergebnis und die wichtigsten Anforderungen sind beschrieben.
- ☐ Durch das Projekt wird die Unternehmensstrategie unterstützt.
- ☐ Die wichtigsten Stakeholder sind bekannt.
- ☐ Bei Kundenprojekten wurde mit dem Kunden ein Vertrag geschlossen.
- ☐ Die Standards und Richtlinien, die das Projekt beachten muss, sind bekannt.
- ☐ Es gibt einen Projektsponsor.
- ☐ Vorschläge zur Besetzung des Projektteams liegen vor.
- ☐ Die Finanzierung des Projekts ist gesichert.

Tipp:
Wenn Sie ein Projekt übernehmen, dann achten Sie darauf, so früh wie möglich beteiligt zu sein. So können Sie von Beginn an das Projekt mitgestalten und darauf achten, dass Sie einen realisierbaren Projektauftrag erhalten.

Erfahrungen nutzen

In der Schule werden Schüler bestraft, wenn sie abschreiben oder anderen Schülern über die Schulter schauen. Im Projektmanagement dagegen werden Sie belohnt, wenn Sie die Erfahrungen aus anderen Projekten nutzen. Je mehr Sie von einem bereits durchgeführten Projekt übernehmen können, umso schneller können Sie ihr eigenes Projekt planen und umso sicherer sind Sie, dass Ihre Annahmen und Schätzungen stimmen.

Anforderungen ermitteln und das Projekt planen

Wäre es nicht schön, wenn Sie ein Projekt, nachdem es beendet ist, noch einmal von vorne beginnen könnten? Alle Fehler, die Sie gemacht haben, könnten Sie vermeiden. Leider ist dies nicht möglich, denn ein Projekt ist einmalig. Dennoch gibt es ein Mittel, mit dem Sie dies zumindest teilweise tun können: die Planung. Mit der Planung nehmen Sie Ihr Projekt gedanklich vorweg, indem Sie im Geiste alle Tätigkeiten durchgehen.

Der Projektplan beschreibt, wie die Ziele des Projekts erreicht werden.

Planung spart Zeit und Geld

Durchdenken Sie, bevor die erste Arbeitsstunde verbraucht und das erste Geld für Arbeitsmittel ausgegeben wurde, alle Schritte, die vom Anfang bis zum Ende des Projekts durchzuführen sind. Dies hat zwei Vorteile: Erstens finden Sie so die geeignetste Vorgehensweise und mögliche Fallen und Stolpersteine. Und zweitens können Sie die gewählte Vorgehensweise schon während der Planung optimieren.

Angemessen planen

Die Projektplanung muss jedoch in einem angemessenen Verhältnis zum Gesamtaufwand des Projekts stehen. Dabei gilt folgende Faustregel: Je größer das Projekt, umso umfangreicher muss die Planung sein. Bei einem kleinen Projekt, das nur zehn Tage dauert, sollte ein halber bis ein Tag für die Planung reichen. Bauen Sie jedoch einen Flughafen, dann ist mit der Planung ein ganzes Team mehrere Jahre beschäftigt. Eine sehr ausführliche Planung ist auch dann erforderlich, wenn Sie sich bei der Realisierung keinen Fehler leisten können, wie bei einer Weltraummission.

Rollierende Planung

Es gibt Projekte, bei denen zum Projektstart alle Informationen vorliegen. Hier können Sie das Projekt sofort von der ersten bis zur letzten Aktivität durchplanen. Aber was machen Sie, wenn zum Projektbeginn noch nicht alles feststeht und Sie Informationen erst nach der ersten Projektphase erhalten? Dafür wurde die Technik der rollierenden Planung entwickelt.

Beispiel Softwareentwicklung

Dies erläutere ich jetzt am Beispiel der Softwareentwicklung. Bei Softwareprojekten kennen Sie die genauen Anforderungen an das Softwaresystem erst, nachdem das Fachkonzept fertiggestellt ist. Hier planen Sie die Phase der Fachkonzepterstellung bis ins Detail, die weiteren Phasen, wie das IT-Konzept, die Realisierung oder das Testen, nur grob. Wenn das Fachkonzept fertig ist, können Sie das IT-Konzept detailliert planen. Wenn Sie wissen, wie Sie die Anforderungen technisch umsetzen, dann planen Sie, wie Sie dies realisieren und testen. Bei der rollierenden Planung wird der Projektplan umso genauer, je weiter Sie im Projekt vorangekommen sind.

Alle planen mit

Projektplanung ist keine einsame Tätigkeit des Projektleiters. Alle Beteiligten werden in den Planungsprozess einbezogen. Der Plan wird nämlich umso besser, je mehr Informationen Sie in die Planung einbeziehen. Quellen für solche Informationen sind Pläne von ähnlichen Projekten, Lessons Learned aus anderen Projekten, Standards des Unternehmens, aber auch Fachliteratur.

Basisplan festlegen

Veränderungen sind in vielen Projekten an der Tagesordnung, denn im Verlauf des Projekts haben die Beteiligten immer neue Ideen und Anforderungen. Ihre Aufgabe als Projektleiter ist es jedoch, nur die Änderungen zuzulassen, die für die Erreichung des Projektziels erforderlich sind. Um Änderungswünsche festzuhalten, lassen Sie alle geänderten Pläne vom Auftraggeber genehmigen und als neue Basispläne festschreiben.

Ein Basisplan ist ein genehmigter Plan. Jede Änderung am Basisplan muss ebenfalls genehmigt werden.

Planung planen

Alle Aspekte der Projektplanung werden wiederum in einzelnen Plänen festgehalten. Dazu zählen der Terminplan, der Kostenplan, der Plan, wie Qualität erreicht und geprüft wird, der Personalmanagementplan und der Kommunikationsplan. Dies ist nur eine Auswahl der Pläne, die im Planungsprozess erstellt werden.

Tipp:
Überlassen Sie die Erstellung der Pläne nicht dem Zufall. Planen Sie, wann Sie welche Pläne erstellen und wie diese zu einem gemeinsamen Plan zusammengefasst werden.

Arbeiten ausführen, überwachen und steuern

In der Ausführungsphase ernten Sie die Früchte, welche Sie bei der Projektplanung gesät haben. Mit einer guten Planung sollten die Aktivitäten möglichst reibungslos durchgeführt werden können. Hier ist es Ihre Aufgabe als Projektleiter, das Projektteam zu führen. Dazu gehört auch, dass Sie immer wieder kontrollieren, ob die erarbeiteten Ergebnisse mit dem Plan übereinstimmen. Sollte dem nicht so sein, dann suchen Sie nach Lösungen, wie Plan und Ergebnis wieder in Übereinstimmung gebracht werden können.

Arbeiten ausführen: So setzen Sie den Projektplan um

Im Planungsprozess sind die gestalterischen und kreativen Fähigkeiten des Projektleiters gefragt. In der Projektausführung steht die Managementkompetenz im Vordergrund.

In der Projektausführung werden die im Projektplan festgelegten Arbeiten ausgeführt. Dazu gehört auch, den Einsatz der Projektmitarbeiter abzustimmen und die notwendigen Ressourcen zu beschaffen.

Projektteam zusammenstellen

Ein Erfolgsfaktor für Ihr Projekt ist es, die richtigen Leute im Team zu haben. Diese müssen die notwendige Kompetenz für die Aufgaben mitbringen und motiviert sein, in Ihrem Projekt mitzuarbeiten. Das Projektteam sollte in seiner Summe alle Kompetenzen und Fähigkeiten haben, um das Produkt herzustellen oder die Dienstleistung zu erbringen. Wenn Sie zum Beispiel ein Haus bauen, brauchen Sie Maurer, Zimmerleute, Verputzer, Elektriker, Installateure und Maler. Es ist also von entscheidender Bedeutung, dass Sie für Ihr Projektteam genau die Menschen in der Organisation ausfindig machen, die Sie brauchen. Idealerweise sind dies auch immer Menschen, die gut zusammenarbeiten können.

Projektteam entwickeln Aufgabe und Verantwortung des Projektleiters ist es, aus den Menschen im Projekt ein Team zu machen. Ein Projektteam sollte eine Gruppe von Menschen sein, die nicht gegeneinander arbeiten, sondern miteinander, und deren Mitglieder sich gegenseitig helfen und unterstützen. Dies heißt: Alle, die im Projekt mitarbeiten, verfolgen das gleiche Ziel, haben das gleiche Verständnis vom Projektauftrag und von den zu erledigenden Arbeiten, und alle arbeiten nach vereinbarten Regeln zusammen.

Arbeiten ausführen Bei der Projektausführung werden die geplanten Arbeiten vom Projektteam ausgeführt. Dafür müssen Sie als Projektleiter die Voraussetzungen schaffen: Arbeitsmittel wie Werkzeuge, PCs oder Schreibtische besorgen, den Projektmitarbeitern alle für deren Arbeit benötigten Informationen geben, und, falls es erforderlich ist, sie in den Fähigkeiten trainieren, die sie für ihre Arbeit besitzen müssen. Sind diese Voraussetzungen geschaffen, dann verteilen Sie die Aufgaben. Während Ihr Team die Arbeiten ausführt, helfen Sie bei Problemen, beraten die Teammitglieder und geben ihnen Feedback.

Informationen verteilen Während das Projektteam arbeitet, müssen Sie den Auftraggeber, Ihr Projektteam und andere am Projekt Beteiligte über den Fortschritt der Arbeiten informieren. Das heißt: Informationen zusammentragen, aufbereiten und wieder verteilen.

Auf Standards achten Ihr Projekt existiert nicht im luftleeren Raum. Es ist eingebunden in eine Organisation. Wie für alle anderen Abteilungen gelten natürlich auch für Projekte die Regeln, Standards und Prozesse des Unternehmens. Ihre Aufgabe als Projektleiter ist es, darauf zu achten, dass diese Standards eingehalten werden. Prüfen Sie aber, ob diese für das Projekt geeignet sind. Sind sie es nicht, sollten Sie projektspezifische Standards einführen.

Trotz guter Planung kann es immer zu unvorhergesehenen Problemen und Konflikten kommen. Jetzt sind Sie als Problem- und Konfliktlöser gefragt. Das heißt nicht, dass Sie selbst jedes Problem lösen und für jeden Konflikt einen Ausweg finden müssen. Sie müssen aber dafür sorgen, dass bei Problemen die notwendigen Experten zusammenkommen und nach einer Lösung suchen. Sie haben bei diesem Prozess die Rolle eines Moderators, der den Lösungsprozess steuert. Eine ähnliche Rolle haben Sie bei Konflikten. Sorgen Sie dafür, dass die Konfliktparteien den Konflikt austragen und nach Lösungen suchen. Auch hier ist mehr Ihre vermittelnde Rolle gefragt, die verhärtete Fronten aufbrechen kann.

Probleme und Konflikte lösen

Arbeiten überwachen und steuern: So bleibt das Projekt im Plan

Der Projektleiter ist der Kapitän im Projekt. Er weiß immer, ob sein Projekt noch auf Kurs ist. Dafür muss er alle Tätigkeiten im Projekt überwachen, kontrollieren und steuern. Überwachen und kontrollieren heißt, Daten über die Projektdurchführung sammeln und in Berichten zusammenstellen. Steuerung bedeutet, diese Daten mit der Planung zu vergleichen, Abweichungen zu analysieren und Alternativen für die weitere Projektdurchführung vorzuschlagen. Alles, was Sie unter diesem Stichwort tun, gibt eine Antwort auf die Frage: Wo steht das Projekt und was ist zu tun, wenn es nicht im Plan ist?

Projektplan und Projektausführung stimmen immer überein, wenn Sie den Projektfortschritt konsequent überwachen, um Abweichungen vom Plan zu erkennen und zu korrigieren.

Bei der Überwachung des Projekts haben Sie immer die Ergebnisse, die das Projektteam erstellt, Informationen über den Fortschritt der Arbeiten und die Änderungen, die an das Projekt herangetragen werden, im Auge.

Steuerhebel

Zum Steuern ihres Projekts haben Sie drei unterschiedliche Hebel:

- **Korrekturen:** Wenn eine Tätigkeit anders als geplant durchgeführt wird oder das Produkt nicht den Anforderungen entspricht, ist dies eine Abweichung. Diese wird korrigiert.
- **Änderung des Projektplans:** Das ist immer dann erforderlich, wenn sich das Projekt nicht so wie geplant durchführen lässt.
- **Änderung des Projektauftrags:** Diesen Hebel setzen Sie ein, wenn sich herausstellt, dass nicht alle Projektziele erreicht werden können und Inhalt und Umfang des Projekts geändert werden müssen.

Wie mit diesen drei Hebeln das Projekt gesteuert wird, ist in Abbildung 6 dargestellt.

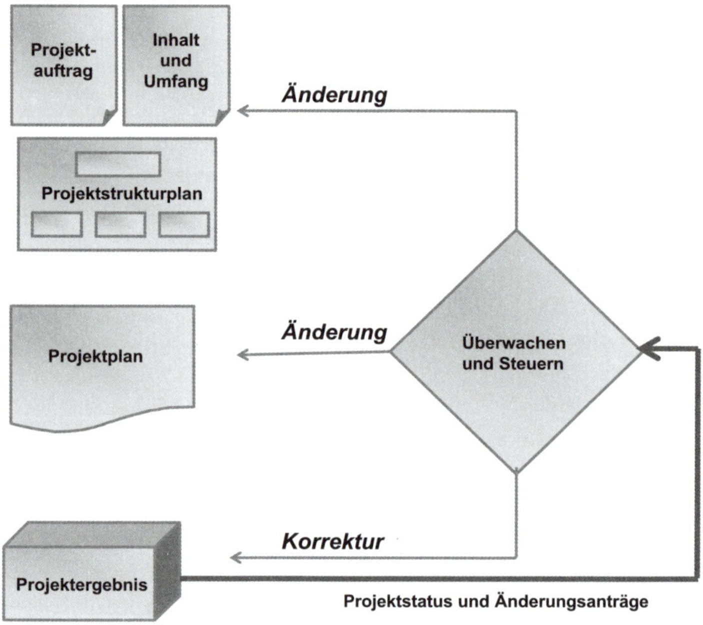

Abbildung 6: Durch Änderungen und Korrekturen wird das Projekt gesteuert.

Arbeiten abschließen und Erfahrungen dokumentieren

Wenn der letzte Handschlag für das Projektergebnis getan ist, hat das Projekt zwar sein Ziel erreicht, ist aber noch lange nicht beendet. Zum formalen Abschluss des Projekts gehört mehr als nur die Abgabe des Ergebnisses.

Mit dem Projektabschluss wird das Ergebnis übergeben und werden die Projektmanagementdokumente archiviert.

Formale Abnahme

Genauso wie Sie als Projektleiter einen formalen Auftrag für das Projekt brauchen, benötigen Sie auch eine formelle Bestätigung, dass Sie diesen Auftrag erfüllt haben. Ihr Auftraggeber wird diese Unterschrift nur dann leisten, wenn er das Ergebnis geprüft und für gut befunden hat. Dies tut er in der Abnahme. Wie das Projekt oder auch Zwischenergebnisse abgenommen werden, sollte schon zu Projektbeginn vereinbart sein. Die formelle Abnahme des Ergebnisses besagt noch nicht, ob der Auftraggeber auch damit zufrieden ist. Nur wenn er das Ergebnis nicht nur formal abnimmt, sondern auch akzeptiert, wird er Sie wieder mit einem Projekt beauftragen.

Tipp:
Erfragen Sie die Zufriedenheit mit dem Projektergebnis. Dies können Sie formell mit einem Fragebogen tun, aber auch einfach, indem Sie in einem Abschlussgespräch danach fragen.

Lessons Learned

Projekte müssen immer wieder neu erfunden werden. Aber dazu sollten die Erfahrungen aus andereren Projekten genutzt werden. Zum Ehrenkodex eines Projektleiters gehört, dass er seine Erfahrungen anderen Projektleitern zur Verfügung stellt. Auch jedes Unternehmen hat ein Interesse daran, die Erfahrungen anderer Projekte für die eigenen zu nutzen. So wird vermieden, dass Dinge immer wieder neu durchdacht und wiederholt die gleichen Fehler gemacht werden. Die sogenannten „Lessons Learned" festzuhalten, ist nicht allein Ihre Aufgabe als Projektleiter. Zu den Lessons Learned aus dem Projekt tragen vor allem die Mitglieder des Projektteams bei.

Erfolge feiern

Zu einem erfolgreichen Projekt gehört, dass sein Erfolg gefeiert und vermarktet wird. Solche Feiern haben eine kulturelle Tradition. Denken Sie an Richtfeste und Einweihungsfeiern. Hier kommen alle zusammen, die mitgeholfen haben, und diejenigen, die vom Nutzen der Arbeit profitieren. Ein Projekt ist eine lange und anstrengende Arbeit, die jeden Beteiligten fordert und anspannt. Mit dem Feiern wird diese Spannung wieder gelöst. Und die Feier hat noch einen zusätzlichen Zweck: Sie zeigt der Organisation, dass Sie mit Ihrem Projekt erfolgreich waren. Dies empfiehlt Sie dann wieder für ein nächstes, mindestens genauso herausforderndes Projekt.

☑

Abschlussarbeiten

So prüfen Sie, ob das Projekt abgeschlossen ist

- ☐ Der Auftraggeber hat das Projektergebnis abgenommen und es wird von ihm akzeptiert.
- ☐ Das Produkt ist an den Auftraggeber oder Kunden übergeben.
- ☐ Alle Projektdokumente sind abgeschlossen und archiviert.
- ☐ Die Mitglieder des Projektteams sind wieder in der Linie integriert.
- ☐ Ressourcen wurden der Organisation zurückgegeben.
- ☐ Die Erfahrungen des Projekts sind in Lessons Learned dokumentiert.

4. Inhalts- und Umfangsmanagement: Liefern, was bestellt ist

Warum sind Auftraggeber oft mit dem Ergebnis eines Projekts unzufrieden? Daran können Auftraggeber und Projektleiter gleichermaßen schuld sein. Der Auftraggeber, wenn er nicht genau gesagt hat, was er will, und der Projektleiter, wenn er die Anforderungen und Wünsche des Auftraggebers nicht ausreichend ermittelt hat.

Auftragsklärung

Die Auftragsklärung legt den Grundstein für ein erfolgreiches Projekt, denn hier werden Inhalt und Umfang des Projekts festgelegt und es wird das anvisierte Ergebnis beschrieben. Letzteres sollte genau das sein, was Ihr Auftraggeber will. Nicht weniger, aber auch nicht mehr.

Aber nicht nur der Auftraggeber hat Anforderungen an das Projekt. Alle am Projekt beteiligten Abteilungen, aber auch diejenigen, welche das Produkt nutzen, haben Wünsche an das Projekt oder an dessen Ergebnis. Erfolgreich sind Sie nur dann, wenn Sie die Wünsche dieser sogenannten Stakeholder ebenfalls berücksichtigen.

Den Projektauftrag und alle weiteren Wünsche müssen Sie im Projekt unter einen Hut bekommen, damit am Ende alle mit dem Ergebnis zufrieden sind oder es zumindest akzeptieren.

Inhalt und Umfang des Projekts sind alle Produkte, die im Projekt erstellt und alle Dienstleistungen, die erbracht werden. Alle Tätigkeiten, die dazu erforderlich sind, werden unter dem Begriff Inhalts- und Umfangsmanagement zusammengefasst.

In diesem Kapitel erhalten Sie Antworten auf die folgenden Fragen:

- Warum brauche ich als Projektleiter einen Auftrag?
- Wie ermittle ich, was im Projekt zu tun ist?
- Wer hat Einfluss im Projekt und wer hat welche Interessen?
- Wie werden Inhalt und Umfang des Projekts festgelegt?
- Wann liegt ein Projektergebnis vor?

Was ist zu tun?

Fast jedes Projektmanagement-Seminar beginnt mit einer Übung zum Projektauftrag. „Stellen Sie eine Brücke her!" So oder ähnlich lauten die Aufträge, welche den Teilnehmern gegeben werden. Ohne zu fragen, für was, wie groß und wie gut die Brücke sein soll, basteln diese mit dem bereitliegenden Moderationsmaterial oft die schönsten Ergebnisse. Enttäuscht sind sie dann, wenn der Trainer sagt, dass er mit dem Ergebnis nicht zufrieden ist und eigentlich eine ganz andere Brücke wollte. Diese Übung soll den Teilnehmern bewusst machen, dass es nicht darauf ankommt, was sie unter dem Auftrag verstehen, sondern wie ihr Auftraggeber ihn versteht.

Voraussetzungen

Bevor Sie beginnen, Inhalt und Umfang des Projekts festzulegen, muss Folgendes gegeben sein:

- Sie müssen den Projektauftrag erhalten haben.
- Es muss eine vorläufige Beschreibung des Inhalts und des Umfangs vorliegen.

Beide Dokumente sind die Schnittstelle zur Linienorganisation.

Kostenbewusst denken

Warum ist das Inhalts- und Umfangsmanagement so wichtig? Mit jedem Projekt werden Mittel des Unternehmens verbraucht. Je optimaler ein Unternehmen seine Mittel einsetzt, umso wirtschaftlicher und erfolgreicher handelt es. Erarbeitet ein Projekt mehr, als eigentlich gebraucht wird, dann wurden Mittel verschwendet. Erarbeitet ein Projekt weniger, als gebraucht wird, dann hat das Projekt einen geringeren Nutzen. Mit dem Inhalt und Umfang des Projekts legt das Unternehmen seine Investition fest, um ein bestimmtes Ziel zu erreichen. Wirtschaftlich ist ein Projekt dann, wenn das Ziel mit dem kleinstmöglichen Aufwand erreicht wird.

Das müssen Sie im Inhalts- und Umfangsmanagement tun:

- ☐ Inhalt und Umfang des Projekts beschreiben
- ☐ Das Ergebnis des Projekts, die sogenannten Liefergegenstände, in kleine übersichtliche Elemente zerlegen
- ☐ Änderungen am Inhalt und Umfang des Projekts während des Projektverlaufs überwachen
- ☐ Abnahme von Zwischenergebnissen und des Projektergebnisses durch den Auftraggeber organisieren

☑

Inhalt und Umfang managen

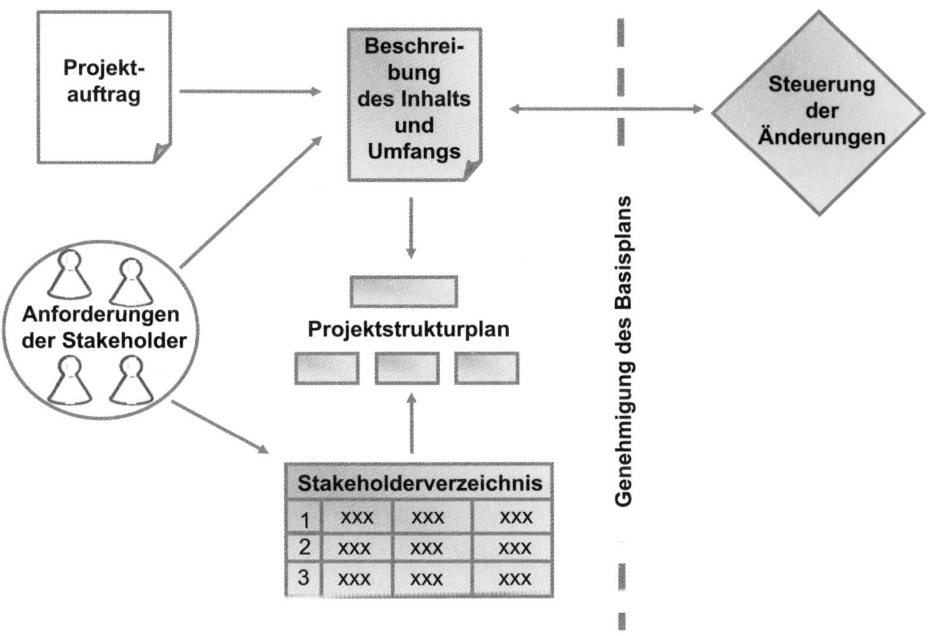

Abbildung 7: Das Management des Inhalts und Umfangs sorgt dafür, dass das Projekt das gewünschte Ergebnis erbringt.

Der Projektauftrag

Projekt initiieren

Oft beginnen Projekte, ohne dass es die Beteiligten richtig merken. Jemand hat eine Idee, findet einen Projektleiter, und dieser fängt schon mal an. Dies ist die typische Arbeitsweise in einer Linienorganisation – Projektmanagement ist es aber nicht.

Ein Projektmanager beginnt erst dann zu arbeiten, wenn er einen Auftrag hat. Die Auftragsübernahme ist ein wichtiges symbolisches Zeichen. Mit ihr bekommt der Projektleiter die Erlaubnis, das Projekt durchzuführen.

Mit dem Projektauftrag genehmigt der Auftraggeber das Projekt formell. Damit berechtigt er den Projektleiter, Mitarbeiter und Ressourcen der Linienorganisation im Projekt einzusetzen.

Auftragsinhalte

Der Projektauftrag beantwortet vor allem die folgenden beiden Fragen: Warum wird das Projekt durchgeführt? Und was soll am Ende erreicht sein?

Die wichtigsten Inhalte eines Projektauftrags sind:

- **Projektname und Projektbeschreibung:** Der Projektname sollte eine treffende Bezeichnung für das Projekt sein, und mit der Projektbeschreibung wird der Projektinhalt kurz und prägnant dargestellt.
- **Projektmanager und dessen Kompetenz:** Im Projektauftrag wird der Projektleiter benannt und seine Verantwortung beschrieben.
- **Kosten-Nutzen-Analyse:** Sie gibt eine Antwort auf die Frage: Warum wird das Projekt durchgeführt?
- **Projektziel:** Das Projektziel beschreibt, was durch das Projekt in der Organisation geändert wird und sollte so beschrieben sein, dass am Ende des Projekts eindeutig festgestellt werden kann, ob das Ziel erreicht wurde oder nicht. Legen Sie im Projektauftrag auch sogenannte „Nichtziele“ fest. Dies sind Ziele, die mit dem Projekt nicht erreicht werden können.

- **Ergebnis:** Das Ergebnis ist das Produkt oder die Dienstleistung, die der Projektleiter am Projektende dem Auftraggeber übergibt.
- **Ressourcenfreigabe:** Mit der Ressourcenfreigabe erhält der Projektleiter die Erlaubnis, Geld und Ressourcen des Unternehmens einzusetzen, um das Projekt durchzuführen.
- **Risiken:** Bekannte Risiken werden schon im Projektauftrag benannt.
- **Unterschrift des Auftraggebers:** Mit der Unterschrift bindet sich der Auftraggeber an den Projektinhalt.

Tipp:
Beschreiben Sie Projektziele nach der „**SMART**"-Formel.

- **S**pezifisch: Ist das Ziel so konkret wie möglich beschrieben?
- **M**essbar: Mit welchen Kriterien können Sie feststellen, ob das Ziel erreicht ist?
- **A**ngemessen: Ist der Aufwand für das Ziel gerechtfertigt?
- **R**ealistisch: Ist das Ziel erreichbar?
- **T**erminiert: Bis wann soll das Ziel erreicht sein?

Hier ein Beispiel für den Projektauftrag einer Wohnungsrenovierung:

Beispiel

Projektauftrag: Wohnungsrenovierung Gartenstraße 10

Projektname und Projektbeschreibung: *Renovierung der 4-Zimmer-Wohnung in der Gartenstraße 10. Alle Decken in der Wohnung werden weiß gestrichen, die Wände mit Raufaser tapeziert und gestrichen, und in den Wohnräumen wird der Boden durch Laminat ersetzt.*

Projektmanager und dessen Kompetenz: *Projektleiter ist Tomas Bohinc. Er kann Mittel aus dem Budget freigeben und über den Einsatz der Handwerker entscheiden.*

Kosten-Nutzen-Analyse: *Die Kosten für die Renovierung betragen 15 000 €. Durch die Renovierung steigt der Wert der Wohnung um 25 000 €.*

Projektziel: *Die Wohnung soll zu einem Mietpreis von 10€ pro Quadratmeter vermietet werden können.*

*Es ist **kein Ziel**, Umbauten an der Wohnung vorzunehmen.*

Ergebnis: *Renovierte Wohnung.*

Ressourcenfreigabe: *Handwerker können durch den Projektleiter beauftragt werden.*

Risiken: *Renovierung kann durch schadhafte Wände aufwendiger werden.*

Unterschrift des Auftraggebers: *Unterschrift Wohnungseigentümer*
Unterschrift des Projektleiters: *Tomas Bohinc*

Projektnutzen kennen

Nur wenn die in einem Projekt eingesetzten Mittel einen Nutzen für das Unternehmen darstellen, ist eine Investition in das Projekt gerechtfertigt. Und nur dann wird das Unternehmen das Projekt auch mit genügend Nachdruck unterstützen. Als Projektleiter sollten Sie immer wissen, welchen Nutzen das Projekt für die Organisation bringt und welche strategischen Ziele damit unterstützt werden.

Die Inhalts- und Umfangsbeschreibung

Inhalts- und Umfangsbeschreibung

Mit dem Projektauftrag haben Sie die Erlaubnis, mit dem Projekt zu starten. Das heißt aber nicht, dass Sie gleich mit der Erstellung des Produkts anfangen. Vor der Projektausführung steht die Projektplanung und diese beginnt mit einer ausführlichen Beschreibung des Inhalts und des Umfangs. Für die Inhalts- und Umfangsbeschreibung wird auch oft der Begriff „Scope Statement“ verwendet. Im Gegensatz zum Projektauftrag, mit dem der Projektleiter mit der Projektdurchführung beauftragt wird, ist das Scope Statement die umfassende Beschreibung des Projekts, an der das Projektergebnis gemessen wird.

Im Scope Statement werden Projektinhalt und Projektumfang sowie die wichtigsten Liefergegenstände beschrieben.

Elemente des Scope Statements

Die Elemente der Inhalts- und Umfangsbeschreibung sind in Tabelle 1 beschrieben:

Element des Scope Statements	Frage	Bemerkung
Projektziele	Warum machen wir dieses Projekt?	Werden aus dem Projektauftrag übernommen und beschreiben den Anlass und die Veränderung, die mit der Durchführung des Projekts erreicht werden soll.
Produkt oder Dienstleistung	Was ist das Endresultat?	Werden ebenfalls aus dem Auftrag übernommen. Sie beschreiben die Merkmale des Ergebnisses.
Anforderungen an das Ergebnis	Welche Standards müssen eingehalten werden?	Standards des Unternehmens, Industriestandards oder Normen, welche die Merkmale des Ergebnisses mitbestimmen.
Liefergegenstände	Woher wissen wir, dass wir fertig sind?	Sie werden ebenfalls aus dem Projektauftrag übernommen. Hier wird festgelegt, was am Ende des Projekts dem Auftraggeber übergeben wird.
Projekterfolgs-kriterien	Wann war das Projekt ein Erfolg?	Hier werden die Kriterien aufgelistet, an denen der Projekterfolg gemessen wird.
Beschränkungen	Was steht fest?	Beschränkungen sind Fakten, die unverrückbar feststehen, wie zum Beispiel ein bestimmter Termin oder das Budget.

Element des Scope Statements	Frage	Bemerkung
Annahmen	Was wird unterstellt?	Annahmen sind Fakten, die als wahr, real oder sicher angenommen werden.
Meilensteine	Was ist wann fertig?	Meilensteine stecken den zeitlichen Rahmen für das Ergebnis oder Teilergebnisse ab.
Kostenschätzung	Was wird das Projekt kosten?	Sie steckt den Rahmen für das Projektbudget ab.
Bekannte Risiken	Was kann den Erfolg des Projekts gefährden?	Oft sind schon zu Beginn des Projekts Dinge bekannt, die den Projekterfolg gefährden können.
Wichtige Stakeholder	Wer ist für das Projekt besonders wichtig?	Wichtige Stakeholder sind Schlüsselpersonen, deren Interessen und Anforderungen vorrangig beachtet werden müssen.

Tabelle 1: Das Scope Statement fasst die Anforderungen an das Projekt zusammen.

Jetzt sind Sie an der Reihe

Übung

Auf Seite 49 ist der Auftrag für Ihr Projekt beschrieben. Entwickeln Sie jetzt aus den Daten des Auftrags eine Inhalts- und Umfangsbeschreibung für das Projekt Wohnungsrenovierung!

So wie in Tabelle 2 könnte eine kurz gefasste Inhalts- und Umfangsbeschreibung aussehen:

Anforderungskategorie	Beschreibung
Projektziele	Die 4-Zimmer-Wohnung im ersten Stock des Wohnhauses in der Langestraße soll nach dem Auszug des Mieters für den Nachmieter komplett renoviert werden.
Produkt	Renovierte und bezugsfertige Wohnung.
Anforderungen an das Ergebnis	Alle verwendeten Produkte müssen umweltfreundlich sein.

Anforderungs-kategorie	Beschreibung
Liefergegenstände	Renovierte Küche, Bad, Wohnzimmer, Kinderzimmer
Erfolgskriterien	Anstriche sind gleichmäßig und ohne Schatten, Tapeten sind ohne sichtbare Ansätze verklebt, Laminat ist ohne Fugen und Spalten verlegt.
Beschränkungen	Renovierung muss bis zum 28.11.2010 abgeschlossen sein. Renovierungsarbeiten können nur von 8:00 morgens bis 20:00 Abends durchgeführt werden. Mittagsruhe zwischen 13:00 und 14:30 ist einzuhalten.
Annahmen	Wohnung ist vollständig leer geräumt. Wände und Decken haben keine Schäden.
Meilensteine	Renovierung begonnen: 02.11.2010 Decken gestrichen: 06.11.2010 Wände tapeziert: 09.11.2010 Wände gestrichen: 15.11.2010 Laminat verlegt: 21.11.2010 Renovierung abgeschlossen: 22.11.2010
Kostenschätzung	Gesamtkosten: 15 000 €
Produkt	Renovierte und bezugsfertige Wohnung.
Anforderungen an das Ergebnis	Alle verwendeten Produkte müssen umweltfreundlich sein.

Tabelle 2: Die Beschreibung des Inhalts und Umfangs legt fest, was zu tun ist.

Tipp:
Beteiligen Sie an der Erstellung des Scope Statements alle wichtigen Personen: den Auftraggeber, Schlüsselpersonen, das Projektteam. Damit erreichen Sie, dass die Beteiligten ihre Interessen und Anforderungen einbringen können und ein gemeinsames Verständnis vom Projekt entwickeln.

Die Stakeholderanalyse

Der Auftraggeber erteilt den Projektauftrag und bestimmt damit im Wesentlichen den Inhalt des Projekts. Neben seinen Anforderungen müssen aber noch diejenigen anderer Stakeholder, vor allem der vom Projektergebnis Betroffenen, im Projekt berücksichtigt werden.

Stakeholder sind Einzelpersonen und Organisationen wie Kunden oder Sponsoren, die aktiv an einem Projekt beteiligt oder vom Projektergebnis betroffen sind.

Interessen ausgleichen

Wie finden Sie die Stakeholder heraus? Am besten zusammen mit Ihrem Team und mit dem Auftraggeber des Projekts. Erstellen Sie eine Liste aller, die ein Interesse am Projekt haben. Nicht jeder Stakeholder ist dabei gleich wichtig, und oft gibt es auch Interessen und Anforderungen, die gegensätzlich sind. Ihre Aufgabe als Projektleiter ist es, den Ausgleich zwischen diesen Interessen herbeizuführen. Damit Sie dies tun können, müssen Sie die Anforderungen der Stakeholder zusammentragen. Dazu können Sie die folgenden Techniken nutzen.

So gehen Sie bei der Stakeholderanalyse vor:

- ☐ Identifizieren Sie die Stakeholder, deren Interessen und deren Anforderungen.
- ☐ Stellen Sie die Anforderungen so klar und so vollständig wie möglich zusammen.
- ☐ Finden Sie Lösungen für sich widersprechende Anforderungen der Stakeholder. In der Regel haben die Interessen und Anforderungen der Kunden Vorrang.
- ☐ Lassen Sie das Management über widersprüchliche Anforderungen entscheiden, wenn es dafür keine Lösungen gibt.
- ☐ Ergänzen Sie Inhalt und Umfang des Projekts durch die Anforderungen der Stakeholder.

Mit Interviews auf die Interessen und Wünsche der Stakeholder eingehen

Interviews

Interviews mit Stakeholdern sind eine gute Methode, offen die Wünsche und Interessen der Stakeholder zu erfragen. Sie können als persönliches Gespräch oder als Telefoninterview durchgeführt werden.

☑

So gehen Sie bei einem Interview vor:

- ☐ Legen Sie fest, mit welchen Personen ein Interview geführt werden soll.
- ☐ Vereinbaren und organisieren Sie Interviewtermine.
- ☐ Führen Sie das Interview möglichst zu zweit. Einer stellt dabei die Fragen und der andere notiert die Antworten. Folgende Fragen sollten Sie stellen:
  - ☐ Welches Interesse haben Sie am Projekt?
  - ☐ Welche Anforderungen muss das Ergebnis erfüllen?
  - ☐ Welche Wünsche haben Sie an das Projekt?
- ☐ Stellen Sie sich zu Beginn des Interviews vor und erläutern Sie den Inhalt und den Ablauf.
- ☐ Bedanken Sie sich am Ende bei den Interviewpartnern.
- ☐ Formulieren Sie im Anschluss an das Interview die Äußerungen des Interviewpartners als Anforderungen an das Projekt.

Stakeholdergruppen in Fokusgruppen zusammenfassen

Fokusgruppen

In Fokusgruppen werden Stakeholder nach deren organisatorischer Zugehörigkeit oder nach ihren Interessen für bestimmte Themen zusammengefasst. In einem moderierten Workshop werden dann die Anforderungen der Interessengruppen ermittelt und diskutiert. Ziel der Workshops ist es, von allen Beteiligten getragene Anforderungen an das Projekt zu definieren.

☑

So gehen Sie bei einer Fokusgruppe vor:

- ☐ Stellen Sie Fokusgruppen nach organisatorischer Zugehörigkeit oder nach Interessen zusammen.

- ☐ Organisieren Sie die Workshops und laden die Teilnehmer dazu ein.
- ☐ Bereiten Sie den Workshop vor, indem Sie
  - das Ziel formulieren,
  - den Ablauf festlegen,
  - die Arbeitsmaterialien vorbereiten.
- ☐ Führen Sie den Workshop durch. Dabei gehen Sie nach der folgenden Struktur vor:
  - Vorstellung der Moderatoren und Teilnehmer
  - Erläutern des Ziels und des Ablaufs
  - Bearbeiten Sie folgende Fragen mit den Teilnehmern: „Welche Interessen haben Sie am Projektergebnis?" „Was sind die konkreten Anforderungen an das Projektergebnis und das Projekt?" „Welche Wünsche haben Sie an das Projekt?"
  - Formulieren Sie im Workshop die Antworten der Teilnehmer als konkrete Anforderungen an das Projekt. Versuchen Sie dabei möglichst gemeinsam getragene Formulierungen zu finden.
  - Fragen Sie die Teilnehmer nach ihrer Zufriedenheit mit dem Ergebnis und schließen Sie den Workshop ab.
- ☐ Bereiten Sie den Workshop nach, indem Sie die Ergebnisse für die Projektdokumentation aufbereiten.

Mind Maps machen die Struktur der Anforderungen sichtbar

Mind Maps

Mind Maps eignen sich gut, wenn Sie alleine oder mit Ihrem Team die Anforderungen ermitteln wollen.

☑

So gehen Sie bei einem Mind Map vor:

- ☐ Schreiben Sie in die Mitte eines Blattes den Namen des Projekts und zeichnen einen Kreis darum.
- ☐ Zeichnen Sie an den Kreis einen Ast. Dieser Ast steht für eine Gruppe von Anforderungen.
- ☐ Zeichnen Sie an den Ast Zweige. An jeden Zweig schreiben Sie eine Anforderung.

- ☐ Zeichnen Sie für jede neue Gruppe von Anforderungen einen neuen Ast.
- ☐ Ergänzen Sie das Mind Map so lange, bis Sie alle Anforderungen aufgeschrieben haben.

Der Vorteil dieser Technik besteht darin, dass Sie damit beginnen können, Anforderungen mit unterschiedlicher Detaillierungstiefe aufzuschreiben. Im Prozess des Sammelns kristallisiert sich dann eine Struktur der Anforderungen heraus. In Abbildung 8 ist ein Beispiel für ein solches Mind Map wiedergegeben.

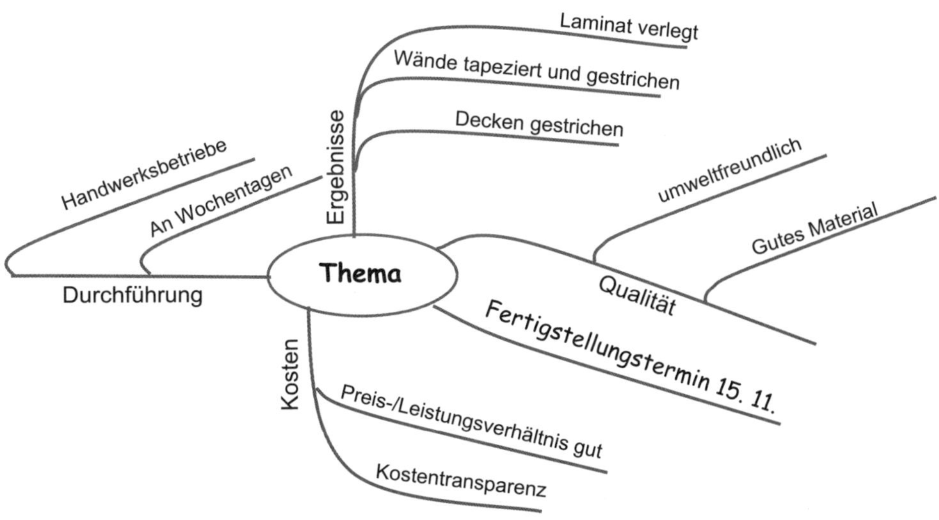

Abbildung 8: Ein Mind Map macht die Anforderungen von Stakeholdern sichtbar.

Clustern

Für das Clustern von Anforderungen können Sie Moderationskarten oder Post-its verwenden. Dabei schreiben Sie jede Anforderung auf eine Moderationskarte oder ein Post-it. Ähnliche Anforderungen fassen Sie dann thematisch zu sogenannten Clustern zusammen. Wie dies aussieht, zeigt Abbildung 9.

☑ **So gehen Sie beim Clustern vor:**

- ☐ Schreiben Sie jede Anforderung auf eine Moderationskarte oder ein Post-it.
- ☐ Hängen Sie die Moderationskarten oder Post-its auf eine Pinnwand oder ein Flipchart.
- ☐ Fassen Sie zusammengehörige Anforderungen zusammen. Dies ist dann ein Cluster
- ☐ Finden Sie eine Überschrift für jedes Cluster.

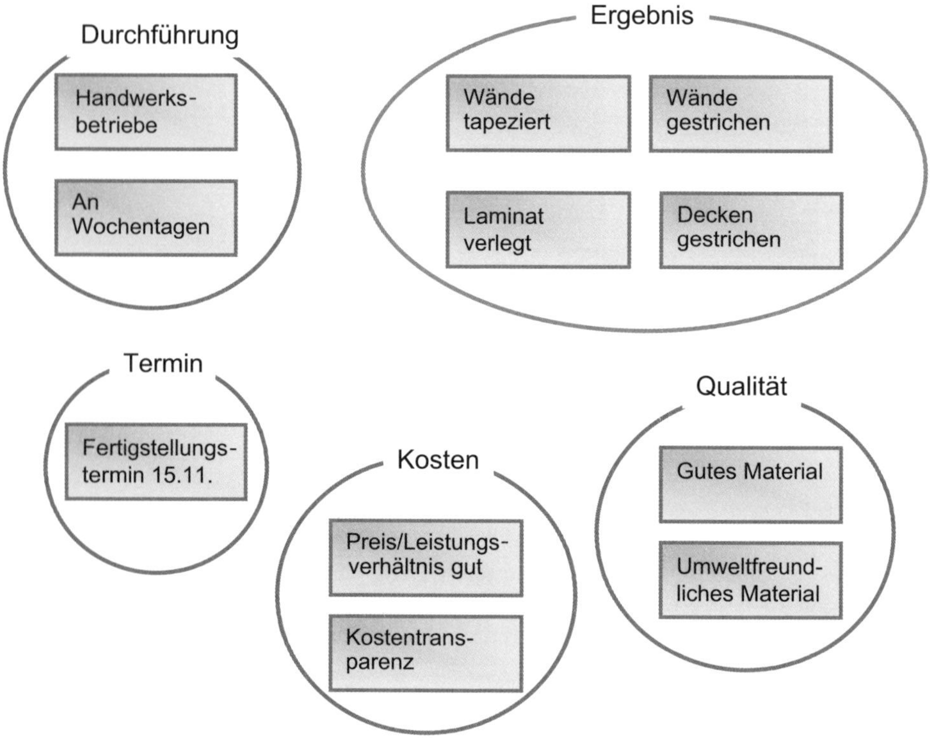

Abbildung 9: Mit Clustern können Anforderungen sortiert werden.

Alle Techniken zur Anforderungsanalyse haben das Ziel, möglichst viele Anforderungen ans Tageslicht zu bringen. Bevor die Anforderungen in die Beschreibung von Inhalt und Umfang des Projekts einfließen, müssen sie bewertet werden. Bewerten heißt, die Anforderungen herauszufinden, die umgesetzt werden, aber auch diejenigen abzulehnen, die mit dem Projekt nicht verwirklicht werden können oder sollen. An der Entscheidung muss auf jeden Fall der Auftraggeber beteiligt werden. Denn dieser muss für die Realisierung der Anforderungen die Mittel bereitstellen.

Entscheidungen treffen

Der Projektstrukturplan

Wenn das Scope Statement fertig ist, dann halten Sie ein wichtiges Dokument in der Hand. Darin sind Inhalt und Umfang des Projekts beschrieben, aber auch die wichtigsten Beteiligten wurden damit ins Boot geholt. Im nächsten Schritt entwickeln Sie eine Struktur der Anforderungen. Dabei gliedern Sie alle Produkte und Dienstleistungen, die sogenannten Liefergegenstände. Das Ergebnis halten Sie im Projektstrukturplan fest.

Im Projektstrukturplan (PSP) werden die vom Projektteam auszuführenden Arbeiten hierarchisch zerlegt. Er beschreibt die im Projekt zu erstellenden Liefergegenstände und deren Struktur.

Mit einem Projektstrukturplan erhält jedes Teammitglied einen Überblick über alle Teile des Projekts, auch über diejenigen, an denen es nicht selbst beteiligt ist. Er eignet sich auch gut dafür, Inhalt und Umfang des Projekts anderen Stakeholdern zu vermitteln. Bei der späteren Projektdurchführung können anhand des Projektstrukturplans auch schnell Änderungen des Projektinhalts deutlich gemacht werden.

Vorteile

Ob es um die Renovierung eines Hauses, die Entwicklung eines Softwareprogramms oder die Entwicklung eines Mautsystems geht, in allen Fällen wird der Liefergegenstand in kleinere über-

Projekt strukturieren

schaubare Einheiten zerlegt. Diese Einheiten werden als Arbeitspakete bezeichnet. Abbildung 10 zeigt ein Beispiel eines Projektstrukturplans.

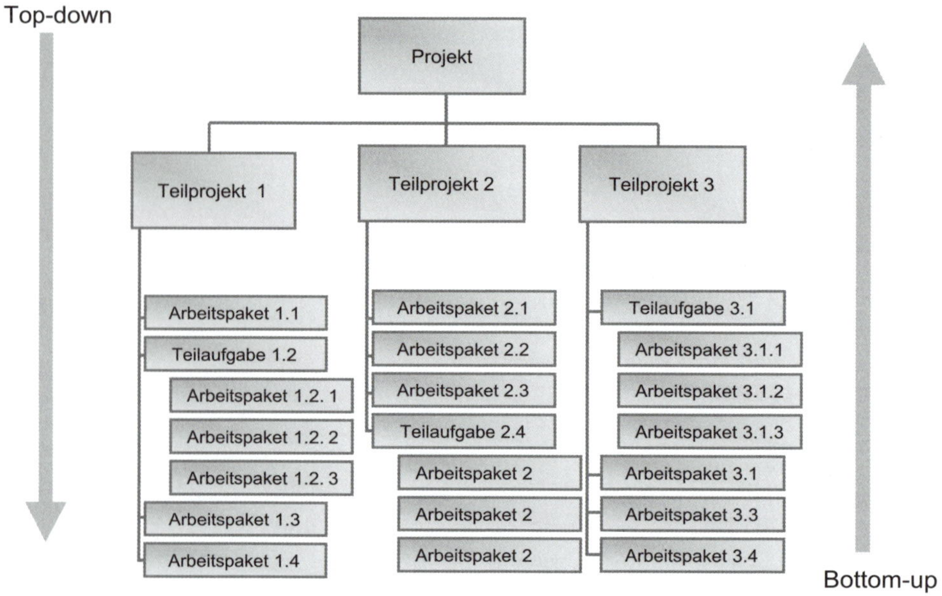

Abbildung 10: Der Projektstrukturplan zerlegt das Projekt in kleine Einheiten.

Top-down-Vorgehen

Bei der Strukturierung des Projekts können Sie Top-down oder Bottom-up vorgehen. Top-down heißt von oben nach unten. Diese Vorgehensweise eignet sich dann, wenn sich der Liefergegenstand gut logisch zergliedern lässt.

☑

So gehen Sie bei der Top-down-Zerlegung vor:

☐ Zerlegen Sie den Liefergegenstand in seine Hauptbestandteile. Damit erhalten Sie die erste Ebene des Projektstrukturplans.

- ☐ Jedes Element der ersten Ebene des Projektstrukturplans wird in weitere Elemente gegliedert.
- ☐ Setzen Sie die Zerlegung der Elemente so lange fort, bis Sie ein Element erhalten, das nicht mehr weiter zerlegt werden kann. Dieses Element wird dann Arbeitspaket genannt. Ein Arbeitspaket sollte einer Person oder einem Team zugewiesen werden können und definierte Ergebnisse haben. In der Regel liegt der Aufwand für ein Arbeitspaket bei 80 Arbeitsstunden.

Bottom-up-Vorgehen

Das Gegenteil von Top-down ist Bottom-up. Dabei geht man von unten nach oben vor. Diese Vorgehensweise eignet sich dann, wenn sich der Liefergegenstand nur schwer logisch zergliedern lässt, aber einzelne Elemente des Liefergegenstands leicht zu ermitteln sind.

So gehen Sie bei der Bottom-up-Zerlegung vor:

- ☐ Sammeln Sie mögliche Elemente oder Arbeitspakete. Schreiben Sie diese auf Moderationskarten oder Post-its.
- ☐ Clustern Sie die Elemente auf einer Pinnwand oder einem Flipchart. Dabei ordnen Sie die Karten oder Post-its so an, dass zusammengehörige Elemente zu Gruppen zusammengefasst werden.
- ☐ Finden Sie Überschriften zu diesen Gruppen.
- ☐ Ergänzen Sie diese Struktur durch noch fehlende Elemente.
- ☐ Fassen Sie die Cluster zu einer hierarchischen Struktur zusammen.

Tipp:
Den Projektstrukturplan entwickeln Sie am besten zusammen mit Ihrem Team. So nutzen Sie die Kompetenz Ihrer Teammitglieder und alle erhalten gleichzeitig ein gemeinsames Verständnis von den im Projekt zu erstellenden Ergebnissen.

Jetzt sind Sie an der Reihe

Übung Entwickeln Sie für das Projekt „Renovierung der 4-Zimmer-Wohnung in der Gartenstraße 10“ den Projektstrukturplan. Nutzen Sie dabei die Beschreibung des Inhalts und des Umfangs aus Tabelle 2.

Eine Lösung für den Strukturplan sehen Sie in Abbildung 11.

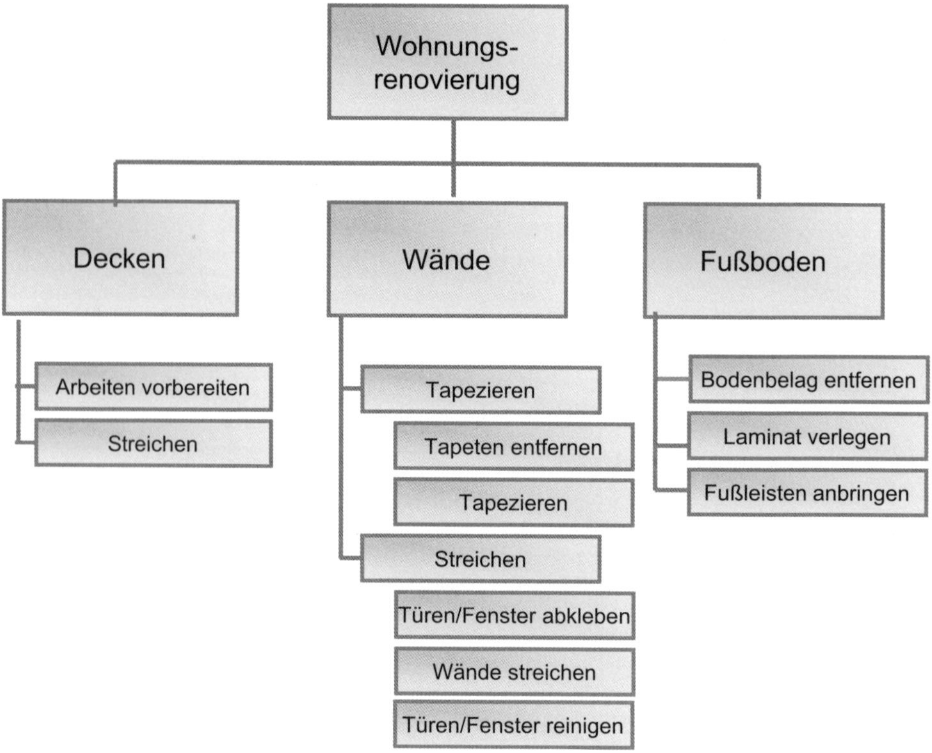

Abbildung 11: Der Projektstrukturplan zeigt, was bei der Wohnungsrenovierung zu tun ist.

Der Projektstrukturplan stellt die Zerlegung des Projekts grafisch dar. Zu jedem Arbeitspaket gib es aber noch weitere Informationen. Diese werden in dem Strukturplanverzeichnis festgehalten. Solche Informationen sind: eine Nummer, mit der das Arbeitspaket eindeutig identifiziert werden kann, dessen Beschreibung und der Name des dafür Verantwortlichen. Im Projektstrukturplanverzeichnis können aber auch weitere Informationen wie Qualitätsanforderungen, Referenzen oder Kostenschätzungen verzeichnet werden.

Projektstrukturplanverzeichnis

Der Projektstrukturplan muss eine sinnvolle und von allen am Projekt Beteiligten verstehbare Struktur sein. Er enthält alle notwendigen Arbeiten, aber auch nur diese. Hier gilt die einfache Regel: Was nicht im Projektstrukturplan steht, gehört auch nicht zum Projekt. Es kommt auch nicht darauf an, dass alle Arbeitspakete die gleiche Detaillierungstiefe haben. Wichtig ist vielmehr, dass sie sich gut voneinander abgrenzen. Wenn Sie die Fragen der folgenden Checkliste mit „Ja" beantworten können, dann ist Ihr Projektstrukturplan fertig.

Projektstrukturplan prüfen

☑

So prüfen Sie den Projektstrukturplan:

- ☐ Kann mit der Beschreibung der Arbeitspakete objektiv festgestellt werden, dass ein Arbeitspaket abgeschlossen ist?
- ☐ Können Kosten und Dauer für das Arbeitspaket geschätzt werden?
- ☐ Können die Arbeitspakete ohne Unterbrechung erstellt werden?
- ☐ Könnten die Arbeitspakete an Unterauftragnehmer vergeben werden?
- ☐ Ist die Verantwortung für das Arbeitspaket eindeutig einem Projektmitarbeiter zuzuordnen?

Die Ergebnisabnahme und Beendigung des Projekts

Das Scope Statement ist nicht nur eine wichtige Grundlage für die Projektplanung. An ihm wird auch gemessen, ob das Ergebnis den Vorstellungen des Auftraggebers entspricht. Denn nicht Sie als Projektleiter bestimmen, wann ein Projektergebnis erzielt ist, sondern Ihr Auftraggeber. Erst wenn dieser sein O.K. zum Ergebnis gibt, ist das Produkt erstellt oder eine Dienstleistung erbracht.

Mit der formellen Abnahme bestätigen der Auftraggeber und ggf. auch die Stakeholder, dass das Projektergebnis ihren Anforderungen entspricht.

Prüfungen

Wie die Liefergegenstände abgenommen werden, hängt von ihrer Art ab: Technische Gegenstände wie Geräte werden geprüft, Software wird getestet und bei Dienstleistungen wird bestätigt, dass diese erbracht wurden. Egal wie die Liefergegenstände abgenommen werden, immer wird festgestellt, ob das Ergebnis dem entspricht, was in der Beschreibung des Inhalts und des Umfangs festgelegt wurde.

Abnahmeprotokoll

Bei der Prüfung wird immer ein Dokument erstellt, welches das Ergebnis der Prüfung festhält: Das Abnahmeprotokoll, das die Ergebnisse der Abnahme enthält. Im Idealfall wird das Ergebnis abgenommen. Weniger ideal ist, wenn festgestellt wird, dass das Ergebnis noch Fehler enthält. Diese müssen dann im Projekt beseitigt werden. Der schlechteste Fall ist, dass das ganze Ergebnis verworfen wird. Denn dies bedeutet, dass das Produkt ganz oder zum großen Teil neu erstellt werden muss.

Ihre Aufgabe als Projektleiter im Inhalts- und Umfangsmanagement:

- ☐ Bestehen Sie auf einem Projektauftrag. Wenn möglich, arbeiten Sie aktiv an dessen Erstellung mit.
- ☐ Identifizieren Sie die Stakeholder, deren Interessen und deren Anforderungen.
- ☐ Stellen Sie die Anforderungen so klar und so vollständig wie möglich zusammen.
- ☐ Finden Sie Lösungen für sich widersprechende Anforderungen der Stakeholder. In der Regel haben die Interessen und Anforderungen von Kunden Vorrang vor denen aller anderen Stakeholder.
- ☐ Lassen Sie das Management über widersprechende Anforderungen entscheiden, wenn es dafür keine Lösungen gibt.
- ☐ Ergänzen Sie Inhalt und Umfang des Projekts um die Anforderungen der Stakeholder.
- ☐ Erstellen Sie zusammen mit Ihrem Team den Projektstrukturplan.
- ☐ Achten Sie darauf, dass nur unbedingt notwendige Änderungen an Inhalt und Umfang des Projekts vorgenommen werden.
- ☐ Lassen Sie sich das Projektergebnis formell abnehmen.

5. Terminmanagement: Planen, was zu tun ist

Das erste, was sich alle Beteiligten im Projekt merken, ist der Termin. Er prägt sich ein wie ein Brandmal. Für jede Terminverschiebung muss sich der Projektleiter ausführlich rechtfertigen. Dies führt dann dazu, dass Termine meist auf Kosten der Qualität oder des Funktionsumfangs gehalten werden. Ein gutes Terminmanagement verhindert dies. Damit wird ein realistischer Termin ermittelt, der im Projekt auch gut gehalten werden kann.

Die Methoden und Techniken des Terminmanagements sind die wohl bekanntesten des Projektmanagements. Viele setzen deshalb Projektplanung auch mit Terminplanung gleich. Die Terminplanung ist jedoch nur ein Aspekt, wenn auch ein wichtiger. Terminmanagement bedeutet aber auch mehr als nur Terminplanung. Zum Terminmanagement gehört auch, die Termine zu überwachen und Terminabweichungen zu kompensieren – oder gegebenenfalls den Plan zu korrigieren.

Im Terminmanagement wird der Terminplan des Projekts erstellt und überwacht. Bei Abweichungen werden Maßnahmen festgelegt, mit denen der Terminplan wieder eingehalten werden kann.

In diesem Kapitel erhalten Sie Antworten auf die folgenden Fragen:

- Wie ermittle ich den Aufwand für die Arbeiten im Projekt?
- Wie stelle ich dar, wie die Tätigkeiten im Projekt zusammenhängen?
- Wie erstelle ich einen Termin- und Meilensteinplan?
- Wie kann ich den Terminplan optimieren?
- Was kann ich tun, damit der Terminplan eingehalten wird?

Was ist zu tun?

Der Endtermin eines Projekts ist in der Regel eine der wichtigen Vorgaben für das Projekt. Der Auftraggeber bestimmt mit ihm, bis wann er ein bestimmtes Ergebnis haben will. Die Aufgabe des Projektleiters ist es, diesen Termin möglich zu machen, oder den Auftraggeber zu überzeugen, dass der Termin nicht haltbar ist. Beides kann er nur tun, wenn er einen guten Überblick über den Verlauf des Projekts hat.

Prozesse der Terminplanung

Bei der Terminplanung führen Sie folgende Tätigkeiten durch:

- Definieren Sie die Arbeiten, welche durchgeführt werden müssen, um das Projektergebnis zu erreichen.
- Legen Sie fest, in welcher Reihenfolge diese abgearbeitet werden müssen.
- Schätzen Sie, wie lange jede Arbeit dauert.
- Entwickeln Sie einen Terminplan, aus dem der Verlauf des Projekts zu ersehen ist.
- Erstellen Sie einen Meilensteinplan, der zeigt, wann wichtige Projektergebnisse fertiggestellt sind.

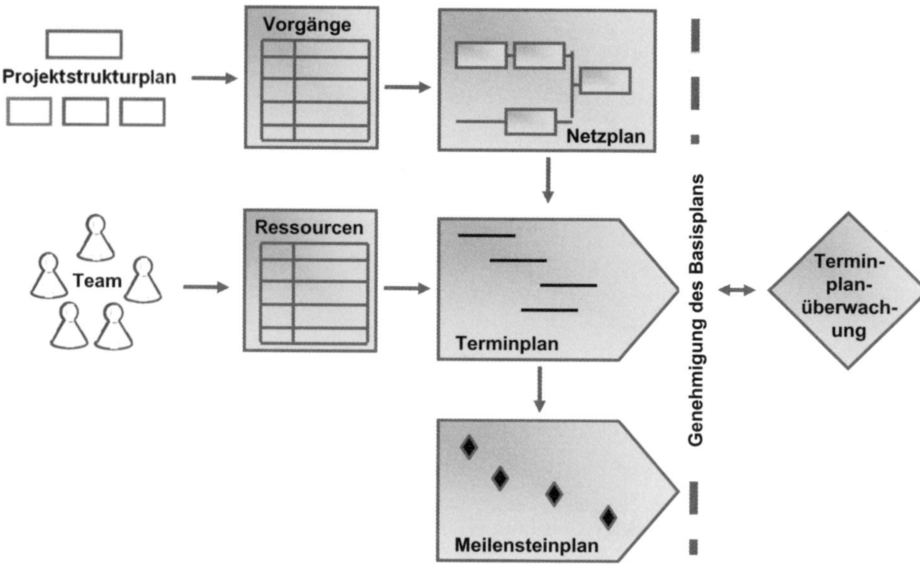

Abbildung 12: Das Terminmanagement sorgt dafür, dass das Projekt zum geplanten Termin fertig wird.

Schätzen: die Kunst, den Aufwand zu ermitteln

Schätzungen

„Ich schätze, dass diese Arbeit in fünf Stunden erledigt ist." Was sagt Ihnen dieser Satz? Die meisten Menschen verbinden damit, dass die Arbeit wahrscheinlich in fünf Stunden fertig ist, gehen insgeheim aber davon aus, dass derjenige, der diesen Satz sagt, vielleicht schon früher fertig ist, aber auf der sicheren Seite bleiben will. Oder sie vermuten, dass seine Schätzung zu optimistisch war und er nicht in fünf Stunden fertig sein kann.

Und hier liegt das Problem von Schätzungen. Sie geben eine wahrscheinliche Dauer an. Es kann sich um eine pessimistische wie auch ein optimistische Schätzung handeln: Beide sind schlecht. Bei zu pessimistischen Schätzungen wird der Endtermin des Projekts zu weit nach hinten geschoben; bei zu optimistischen Schätzungen gerät das Projekt in Verzug.

In Projekten hat man jedoch keine Wahl. Die Terminplanung im Projekt ist auf gute Schätzungen angewiesen. Je realistischer die Schätzung ist, umso genauer kann der Endtermin des Projekts geplant werden.

Realistisch Schätzen

Schätzungen machen eine Annahme über Termine, Kosten oder andere Angaben. Das ist der Schätzwert. Dieser sollte immer eine Genauigkeitsangabe enthalten, welche die möglichen Abweichungen enthält.

Schätzungen liefern immer unsichere Ergebnisse, da sie sich auf die Zukunft beziehen. Eine genaue Schätzung zu Beginn des Projekts ist nicht möglich. Im Verlauf des Projekts erhalten Sie immer bessere Daten, mit denen die Schätzungen genauer werden.

Schätzungen sind unsicher

Der Projektleiter ist für die Schätzung verantwortlich. Die Schätzung selbst sollte von den Personen durchgeführt werden, welche darin die größte Erfahrung haben. Diese können für ihre Schätzung die folgenden drei Quellen nutzen:

Quellen für die Schätzung

- Die Erfahrungen von Experten – je besser deren Expertise, umso besser die Schätzung
- Bereits bekannte Kosten wie Material und Personal
- Daten aus bereits durchgeführten Projekten

Im Projektmanagement werden mehrere Schätzverfahren angewendet. Die wichtigsten Schätzverfahren im Projektmanagement sind: Analoge Schätzung, Einzelwert-Schätzung und Dreipunkt-Schätzung.

Die Analoge Schätzung, auch Expertenschätzung, wird am Beginn der Projektplanung eingesetzt, um eine Größenordnung für das Projekt zu ermitteln. Sie wird von einem Experten auf der Basis

Größenordnung ermitteln

früherer, ähnlicher Projekte durchgeführt. Dabei vergleicht man die Daten eines ähnlichen Projekts mit den aktuellen Daten und legt diese der Schätzung zugrunde.

Einzelwerte addieren

Bei der Einzelwert-Schätzung wird die Dauer einer Aktivität von demjenigen geschätzt, der diese dann auch durchführen wird. Die Schätzungen aller Beteiligten werden dann addiert. Auf diese Weise ergibt sich die Gesamtdauer des Projekts. Der Nachteil dieser Schätzung ist: Die Schätzer neigen dazu, die Zeiten eher länger als tatsächlich notwendig zu veranschlagen, denn sie wollen sich ja auf jeden Fall an die vereinbarte Zeit halten. Diese stillen Reserven werden bei der Schätzung hinzugerechnet. Auf diese Weise wird sie immer etwas zu großzügig ausfallen.

Mittelwert errechnen

Bei der Dreipunkt-Schätzung, die oft auch als PERT-Schätzung bezeichnet wird, werden für jeden Vorgang drei Werte geschätzt: Ein optimistischer, ein wahrscheinlicher und ein pessimistischer Wert. Die Dauer des Vorgangs wird dann mit der folgenden Formel ermittelt:

$$\text{Einzelwert} = \text{optimistischer Wert} + \text{wahrscheinlicher Wert} \times 4 + \frac{\text{pessimistischer Wert}}{6}$$

Der Schätzfehler wird durch die Standardabweichung angegeben. Er wird mit der folgenden Formel berechnet:

$$\text{Standardabweichung} = \text{optimistischer Wert} - \frac{\text{pessimistischer Wert}}{6}$$

Schätzfehler ausgleichen

Die Dreipunkt-Schätzung gleicht Schätzfehler aus und liefert so realistischere Werte als die Einzelwert-Schätzung. Abbildung 13 zeigt, wie der Mittelwert bei der Dreipunkt-Schätzung ermittelt wird.

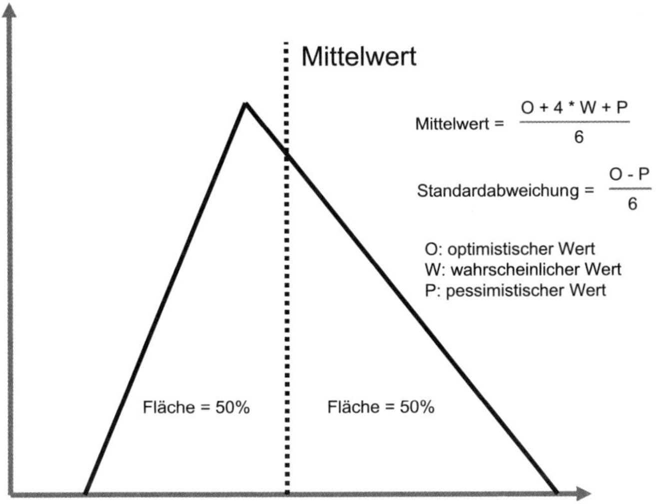

Abbildung 13: Mit der Dreipunktschätzung wird ein errechneter Mittelwert ermittelt.

PERT – Program Evaluation and Review Technique

PERT ist eine Technik zur Darstellung von Abhängigkeiten. Diese wird aber nur noch selten verwendet. Die größte Bedeutung hat das bei dieser Technik verwendete Schätzverfahren.

So gehen Sie bei einer Schätzung vor:

- ☐ Wählen Sie die Schätzmethode aus.
- ☐ Bestimmen Sie, wer die Schätzung vornimmt.
- ☐ Führen Sie die Schätzung durch.
- ☐ Dokumentieren Sie die bei der Schätzung gemachten Annahmen.

Den Verlauf des Projekts verdeutlichen mit Netzplänen

Haben Sie schon einmal den Bau eines Hauses beobachtet oder gar selbst ein Haus gebaut? Jeder, der diese Erfahrung gemacht hat, weiß, dass Tätigkeiten wie der Aushub der Baugrube, die Betonierung des Fundaments und die Errichtung der Wände nacheinander gemacht werden. Ihm ist auch klar, dass es andere Tätigkeiten gibt, wie die Wasserinstallation, das Verputzen des Hauses oder die Isolierung des Daches, die oft gleichzeitig durchgeführt werden. Auch in jedem anderen Projekt gibt es Arbeiten, die nur nacheinander ausgeführt werden und andere, die auch parallel bearbeitet werden können.

Vorgänge

Im Projektstrukturplan werden Arbeitsergebnisse festgelegt. Wie die Arbeitsergebnisse erzielt werden, wird durch sogenannte Vorgänge beschrieben. Das sind die Arbeiten, die erforderlich sind, um ein Arbeitsergebnis zu erzeugen. Netzpläne wurden erfunden, damit der Projektleiter schon vor Beginn des Projekts festlegen kann, wie die einzelnen Arbeiten zusammenhängen. Ein Beispiel eines Netzplans ist in Abbildung 15 (S. 76) wiedergegeben.

Ein Netzplan stellt die logische Abhängigkeit der Arbeiten in einem Projekt dar.

AON – Diagram Activity on Node

Es gibt mehre Darstellungsformen von Netzplänen. Die bekannteste ist das AON-Diagramm. Dabei werden die Vorgänge in Kästen geschrieben und die Abhängigkeiten zwischen den Vorgängen durch Pfeile dargestellt.

Netzpläne

Netzpläne werden immer von links nach rechts gezeichnet. Vorgänge, die zeitlich vor einem anderen Vorgang liegen, werden als Vorgänger bezeichnet. Der Nachfolger ist dann ein Vorgang, der zeitlich nach einem anderen Vorgang liegt.

Vorgangsfolgen: die Logik des Projektverlaufs

Vorgänge können auf vier verschiedene Arten miteinander verknüpft sein:

Vorgangsbeziehungen

- **Ende / Anfang:** Der Vorgänger muss abgeschlossen sein, bevor der Nachfolger beginnen kann.
- **Anfang / Anfang:** Der Nachfolger kann erst beginnen, wenn der Vorgänger begonnen hat.
- **Ende / Ende:** Der Nachfolger kann erst beendet werden, wenn der Vorgänger beendet ist.
- **Anfang / Ende:** Der Vorgänger muss begonnen haben, bevor der Nachfolger beendet werden kann.

Abbildung 14 zeigt, wie diese Vorgangsfolgen im Netzplan dargestellt werden.

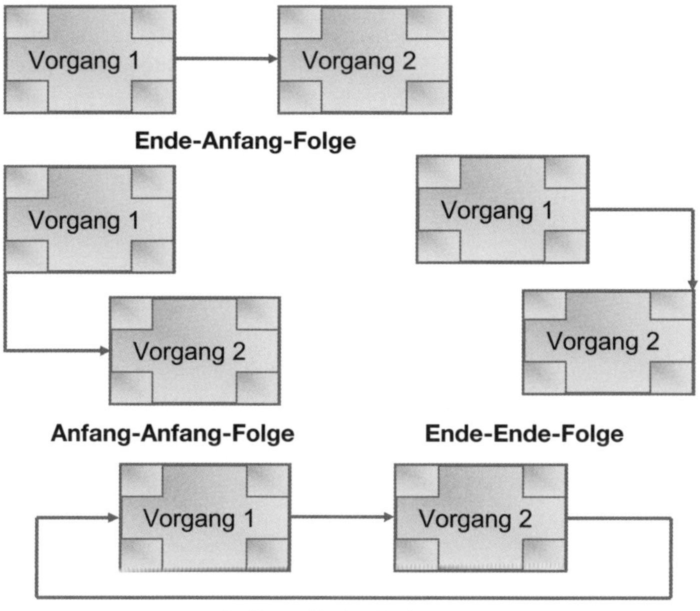

Abbildung 14: So stellen Sie die verschiedenen Arten der Abhängigkeit im Netzplan dar.

Normalfolge Die Ende-Anfang-Beziehung ist die meistgebrauchte Beziehung zwischen den Vorgängen. Sie wird auch als Normalfolge bezeichnet. Für viele Tätigkeiten wird das Ergebnis einer anderen Tätigkeit gebraucht. Wenn Sie zum Beispiel einen Baum pflanzen, dann müssen Sie erst das Pflanzloch ausheben, bevor Sie den Baum pflanzen können.

Trigger Die Anfang-Anfang-Beziehung bedeutet nicht, dass beide Vorgänge zur gleichen Zeit anfangen. Der Start eines Vorgangs A ist der Auslöser für den Start eines Vorgangs B. Man sagt auch, dass der Vorgang A der Trigger für den Vorgang B ist. Beispiel: Wenn Sie beim Renovieren eines Zimmers die Löcher in der Wand ausbessern wollen, dann müssen Sie vorher Tapetenbahnen entfernt haben. Aber um mit dem Ausbessern beginnen zu können, müssen nicht alle Tapetenbahnen entfernt sein.

So wie die Anfang-Anfang-Beziehung nicht bedeutet, dass beide Vorgänge gleichzeitig beginnen, so bedeutet die Ende-Ende-Beziehung auch nicht, dass beide Vorgänge gleichzeitig beendet sind. Auch hier steuert das Ende des Vorgangs A das Ende des Vorgangs B. Beispiel: Sie können die Dokumentation eines Softwareprogramms erst dann beenden, wenn es getestet ist. Sie beginnen aber mit der Dokumentation schon während der Programmierung.

Sprungfolge Die Anfang-Ende-Beziehung ist ein Exot unter den Vorgangsfolgen und kommt nur bei sehr speziellen Projekten vor. Zum Beispiel dann, wenn zwischen Vorgänger und Nachfolger keine zeitliche, sondern logische Abhängigkeit besteht. Beim Austausch eines PC kann der alte erst abgeschaltet werden, wenn der neue betriebsbereit ist. Zeitlich liegt aber die Abschaltung des alten PC vor der Inbetriebnahme des neuen.

Präferenzielle Logik Oft werden Vorgänge als Normalfolgen dargestellt, obwohl es keine harte Logik zwischen den Vorgängen gibt. Die sequenzielle Folge entsteht dadurch, dass nur ein Mitarbeiter zur Verfügung steht und er gezwungenermaßen die Vorgänge nur nacheinander ausführen kann. Angenommen, Sie wollen ein Zimmer renovieren. Dabei sind die Tapeten zu entfernen, die Löcher in der Wand auszubessern, neu zu tapezieren, eine klemmende Tür zu reparieren und ein Fußboden zu verlegen. Sind Sie alleine, dann können Sie all diese Vorgänge nur nacheinander ausführen. Haben Sie einen Helfer, dann können gleichzeitig die Tapeten entfernt und die klemmende Tür repariert werden. Vorgangsfolgen, die parallel durchgeführt werden können, aber aufgrund von fehlenden Ressourcen nacheinander abgearbeitet werden, bezeichnet man als präferenzielle Logik.

Aufwand und Dauer

Vorgänge haben zwei Kenngrößen: Aufwand und Dauer. Der Aufwand ist nötig, um eine Arbeit zu erledigen. Die Dauer ist der Zeitraum, der für den Vorgang benötigt wird. Beide haben die gleiche Maßeinheit: Stunden oder Tage. Zwischen ihnen besteht jedoch ein großer Unterschied. Beispiel: Wenn eine Person ein Zimmer streicht, dann ist der Aufwand die Zeit, die sie allein benötigt, um das Zimmer zu streichen. Die Dauer dagegen ist der Zeitraum, der benötigt wird, bis das Zimmer fertig gestrichen ist und die Wände getrocknet sind, unabhängig davon, wie viele Personen beteiligt sind. Wird das Zimmer zum Beispiel von zwei Personen gestrichen, dann ist der Aufwand der gleiche, das Zimmer aber in der Hälfte der Zeit fertig. Die Zeit, welche die Farbe zum Trocknen braucht, ist auch ein Vorgang. Für ihn ist kein Aufwand notwendig, obwohl er eine Dauer hat.

Aufwands- und dauerorientierte Vorgänge

Unterscheiden Sie bei Vorgängen Aufwand und Dauer. Denn aufwandsorientierte Vorgänge können durch den Einsatz von mehr Personen, Maschinen oder Material verkürzt werden. Dagegen können dauerorientierte Vorgänge, das sind solche, die durch die Durchführungszeit bestimmt sind, nicht verkürzt werden. Denn die Dauer wird durch eine nicht zu beeinflussende Größe bestimmt. Die Farbe an der Wand trocknet nicht schneller, wenn mehr Leute dabei zusehen.

Tipp:
Bestimmen Sie den Aufwand für einen Vorgang, bevor Sie dessen Dauer festlegen. Durch einen geschickten Einsatz von Ressourcen lässt sich die Dauer oft verkürzen.

Kritischer Pfad und Puffer: Schwachstellen und Ressourcen aufzeigen

Kritischer Pfad

Wodurch wird die Dauer eines Projekts hauptsächlich bestimmt? Die Antwort auf diese Frage liefert die Methode des kritischen Pfades. Die Idee dabei ist ganz einfach: Wenn man die Vorgangsdauern der Vorgänge im Netzplan addiert, erhält man die Durchführungsdauer für jeden Pfad des Netzplans. Der Pfad, der die längste Dauer hat, ist der sogenannte kritische Pfad, denn er kann nicht verlängert werden, ohne dass sich dadurch das ganze Projekt verlängert.

Der kritische Pfad ist der längste Weg durch das Projekt. Er bestimmt die Projektdauer.

CPM – Critical Path Method

- Der kritische Pfad ist die längste Vorgangsfolge im Projekt.
- Er bestimmt die kürzestmögliche Projektdauer.
- Kritische Vorgänge sind solche, die auf dem kritischen Pfad liegen.
- Es gibt in jedem Netzplan mindestens einen kritischen Pfad.
- Auf dem kritischen Pfad gibt es keine Puffer.

Zeiten im Netzplan

Für jeden Knoten im Netzplan können vier unterschiedliche Zeiten angegeben werden:

- **Frühester Start:** Das ist der Zeitpunkt, an dem der Vorgang frühestens beginnen kann.
- **Frühestes Ende:** Das ist die Zeit, zu der der Vorgang frühestens beendet werden kann. Das früheste Ende erhält man dadurch, dass zum frühesten Start die Dauer des Vorgangs addiert wird.
- **Spätestes Ende:** Das ist die Zeit, zu der der Vorgang beendet sein muss, ohne dass er das Projekt gefährdet.
- **Spätester Anfang:** Das ist die Zeit, zu der der Vorgang spätestens beginnen muss, ohne den Endtermin des Projekts zu gefährden.

Abbildung 15 zeigt, wie die Zeiten in einem Netzplan dargestellt werden.

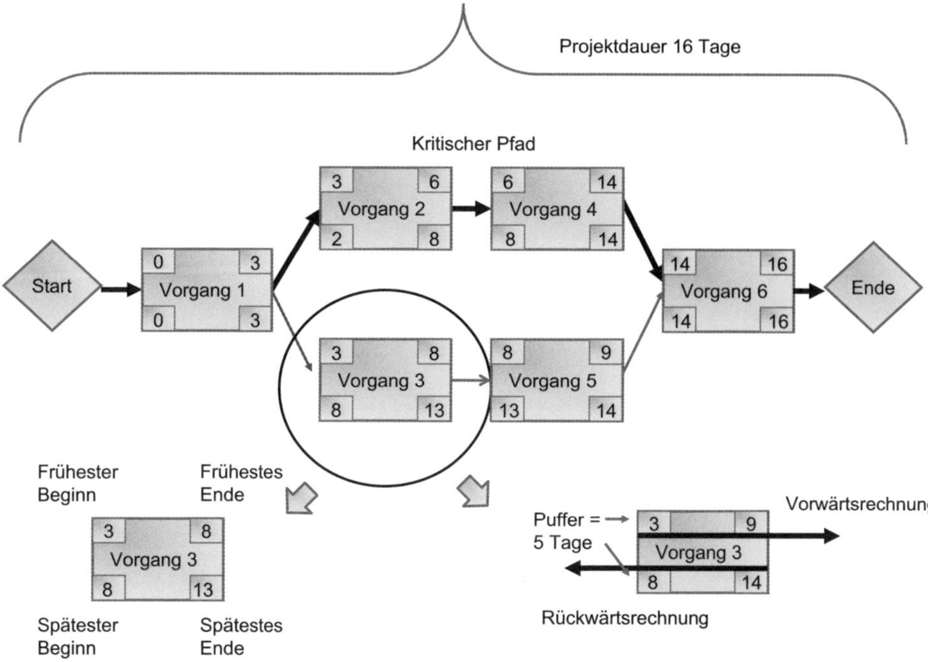

Abbildung 15: Projektdauer und die Dauer des kritischen Pfades sind identisch.

So ermitteln Sie den kritischen Pfad:

- ☐ Beginnen Sie am Projektanfang und berechnen Sie für jeden Pfad den frühesten Start und das früheste Ende. Dabei ist der früheste Start des nachfolgenden Vorgangs das späteste Ende des Vorgängers. Dies ist die sogenannte Vorwärtsrechnung.
- ☐ Bestimmen Sie die Projektdauer. Diese ist die Dauer des längsten Pfades. Dieser ist gleichzeitig auch der kritische Pfad.
- ☐ Berechnen Sie ausgehend vom Ende das jeweils späteste Ende eines jeden Vorgangs und dessen frühesten Start. Das ist die sogenannte Rückwärtsrechnung.

In unserem Beispiel ist der Kritische Pfad die Vorgangsfolge 1-2-4-6.

Betrachten Sie jetzt zum Beispiel den Vorgang 3: Was stellen Sie fest? Zwischen dem frühesten Start und dem spätesten Start gibt es eine Differenz von 5 Tagen. Das heißt: Selbst wenn der Vorgang 5 Tage später beginnen würde, dann hätte dies keinen Einfluss auf das Ende des Projekts. Man sagt auch: Der Vorgang 3 hat einen Puffer von 5 Tagen.

Ein Puffer ist die Zeit, um die ein Vorgang oder eine Vorgangsfolge verschoben werden kann, ohne dass die Gesamtdauer des Projekts beeinflusst wird.

Gesamtpuffer

Alle Vorgangsfolgen außer derjenigen des kritischen Pfades haben einen Gesamtpuffer. Der Gesamtpuffer gibt an, um wie viel sich die Vorgangsfolge verzögern kann, ohne das Projektende zu beeinflussen. Der Gesamtpuffer gilt immer für die gesamte Vorgangsfolge, nicht für einen einzelnen Vorgang. Die von einem Vorgang verbrauchte Pufferzeit wird vom Gesamtpuffer abgezogen.

Beispiel: Der Gesamtpuffer in unserem Beispielnetzplan für die Vorgangsfolge 3 und 5 ist 5 Tage. Verlängert sich die Dauer des Vorgangs 3 um 3 Tage, dann bleibt nur noch eine Gesamtpufferzeit von 2 Tagen für den Vorgang 5 übrig.

Freier Puffer

Der freie Puffer ist die Zeit, um die ein Vorgang verschoben werden kann, ohne seinen Nachfolger zu beeinträchtigen. Der freie Puffer ergibt sich aus der Differenz von frühestem Start und frühestem Ende oder durch die Differenz von frühestem Ende und spätestem Ende.

Testen Sie sich selbst

Netzplanübung

Erstellen Sie aus der folgenden Aktivitätenliste einen Netzplan und beantworten Sie dann folgende Fragen:

Vorgang	Vorgänger	Dauer
Start		0 Tage
Vorgang 1	Start	4 Tage
Vorgang 2	Start	6 Tage
Vorgang 3	Vorgang 1	8 Tage
Vorgang 4	Vorgang 1, Vorgang 2	7 Tage
Vorgang 5	Vorgang 3	6 Tage
Vorgang 6	Vorgang 4	5 Tage
Vorgang 7	Vorgang 5	7 Tage
Ende	Vorgang 6, Vorgang 7	0 Tage

- Wie lange wird das Projekt dauern?
- Welche Vorgangsfolge ist der kritische Pfad?
- Welchen Puffer hat die Vorgangsfolge 4–6?
- Wird sich die Projektdauer verlängern, wenn sich die Dauer des Vorgangs 4 um 5 Tage verlängert?

Antworten

Der Netzplan ist in Abbildung 16 (siehe nächste Seite) dargestellt.

Das Projekt dauert 25 Tage. Dies ergibt sich aus der Summe der Vorgangsfolgen des kritischen Pfades. Dies sind die Vorgänge 1–3–5–7. Die Vorgangsfolge 4–6 hat einen Gesamtpuffer von 12 Tagen. Die Dauer für diese Vorgänge könnte sich verdoppeln, ohne dass das Projektende gefährdet würde.

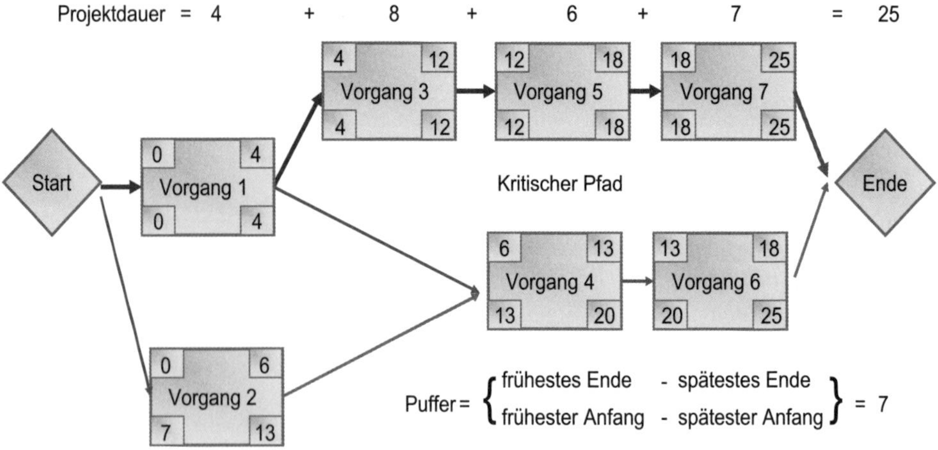

Abbildung 16: Der Netzplan macht den kritischen Pfad und die Puffer deutlich.

Bei diesem Beispiel haben Sie sicher festgestellt, wie aufwendig es ist, einen Netzplan von Hand zu errechnen. Und Sie fragen sich jetzt, wie aufwendig es erst sein wird, einen Netzplan mit tausend oder noch mehr Aktivitäten zu erstellen? Dafür gibt es jedoch spezielle Softwareprogramme, die Ihnen diese Arbeit abnehmen.

Realistische Netzpläne erstellen

Ich weiß, dass sich viele Projektleiter von den Terminvorgaben des Auftraggebers gedrängt fühlen. Das verleitet zu meist viel zu optimistischen Schätzungen. Sie kommen damit zu Beginn des Projekts Ihrem Auftraggeber zwar entgegen, aber sie legen bereits hier den Grundstein für Probleme bei der Projektdurchführung und oft auch für große Enttäuschungen gegen Ende des Projekts.

Netzpläne optimieren

Bevor Sie mit dem jetzt errechneten Endtermin des Projekts zu Ihrem Auftraggeber gehen, sollten Sie den Netzplan optimieren. Wie das geht, zeige ich Ihnen im übernächsten Kapitel. Bevor Sie den Netzplan optimieren, erstellen Sie jedoch erst aus dem Netzplan einen Terminplan. Denn nur so können Sie feststellen, wann das Projekt beendet ist.

Den Verlauf des Projekts sichtbar machen mit Terminplänen

Ein Netzplan stellt die logische Abfolge von Vorgängen dar. Aber damit haben Sie noch keinen Terminplan. Denn ein Netzplan beruht auf der Annahme, dass Sie während des ganzen Jahres Tag für Tag ununterbrochen arbeiten. Im Netzplan gibt es keine Wochenenden oder Feiertage und auch keinen Urlaub. Keine Tage, an denen nicht gearbeitet werden kann, weil Ressourcen nicht zur Verfügung stehen oder es verboten ist, bestimmte Arbeiten durchzuführen.

Projektkalender

Im Terminplan berücksichtigen Sie jetzt alle diese Punkte. Sie verteilen die Folge von Vorgängen auf die im Kalender zur Verfügung stehenden Arbeitstage. Dafür wird ein Projektkalender angelegt. Im Projektkalender werden die Wochenenden, Feiertage, Urlaube und andere freie Tage eingetragen.

Terminplan

Wie aus dem Projektkalender und dem Netzplan der Terminplan für unser Beispiel wird, zeigt Abbildung 17 (siehe nächste Seite). Terminpläne werden als Balkendiagramme dargestellt.

GANTT-Diagramm
Ein GANTT-Diagramm ist ein Balkendiagramm, das die zeitliche Abfolge von Vorgängen grafisch auf einer Zeitachse darstellt. Es ist nach dem Unternehmensberater Henry L. Gantt benannt.

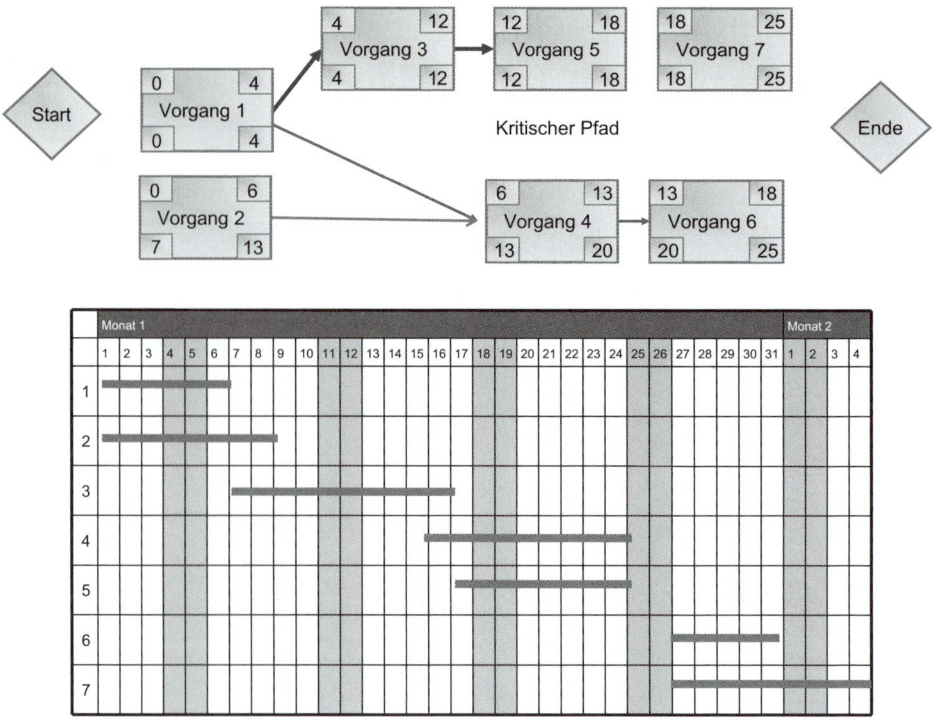

Abbildung 17: Der Terminplan zeigt den Verlauf des Projekts.

Meilensteine motivieren

Meilensteine gliedern das Projekt in Zeitabschnitte. Damit festgestellt werden kann, ob ein Meilenstein erreicht wurde, müssen dafür messbare Kriterien festgelegt werden. Meilensteine zerlegen das Projekt in Zwischenetappen, die in einem überschaubaren Zeitraum erreicht werden können. Mit ihnen kann das Projektteam auch während des Projektverlaufs motiviert werden. Der Meilenstein selbst erfordert zwar keinen Aufwand, aber für den Vorgang, mit dem festgestellt wird, ob der Meilenstein erreicht wurde, müssen sowohl Aufwand als auch Dauer berücksichtigt werden. In der Regel ist dies ein Statusmeeting oder eine formale Prüfung, die im Projektplan berücksichtigt werden muss.

Ein Meilenstein ist ein wichtiger Punkt oder ein wichtiges Ereignis im Projekt, mit dem der Fortschritt des Projekts festgestellt wird.

Aufgabe von Meilensteinen

Im Projekt haben Meilensteine die folgende Aufgabe:

- Sie sind ein Instrument, mit dem der Fortschritt des Projekts gemessen wird.
- Sie sind ein Kommunikationsinstrument zwischen Auftraggeber, Projektleiter und Projektteam.
- Sie strukturieren den Arbeitsablauf und stehen immer an den entscheidenden Stellen des Projekts.
- Mit ihnen werden Zwischenergebnisse dokumentiert.

Abbildung 18 stellt den Meilensteinplan für das Projekt „Wohnungsrenovierung Gartenstraße 10" dar.

Meilensteinplan

	November																					
Vorgang	1	2	3	4	5	6	7	8	9	10	11	12	13	14	15	16	17	18	19	20	21	22
Renovierung begonnen		▲																				
Decken gestrichen						▲																
Wände tapeziert									▲													
Wände gestrichen															▲							
Fußboden verlegt																					▲	
Renovierung abgeschlossen																						▲

Abbildung 18: Meilensteine stellen die wichtigen Ereignisse im Projekt dar.

Projektpuffer

Erst wenn Sie den Terminplan erstellt haben, wissen Sie, an welchem Tag Ihr Projekt beendet ist. In wenigen glücklichen Fällen zeigt Ihr Terminplan, dass Sie früher fertig sind, als es Ihr Auftraggeber erwartet. Die Zeitspanne, um die Sie früher fertig sind, ist der Projektpuffer.

In den meisten Fällen jedoch zeigt der Terminplan, dass Sie später fertig sind, als es sich Ihr Auftraggeber vorstellt. Jetzt beginnt die eigentlich planerische Tätigkeit. Durch die Optimierung des Netzplans und des Terminplans müssen Sie versuchen, das vorgegebene Ende des Projekts doch noch zu erreichen.

Die Terminplansteuerung

Basisterminplan und Fortschrittsberichte

Um den Terminplan zu steuern brauchen Sie zwei Dinge: Den Terminbasisplan und Fortschrittsberichte aus dem Projekt. Der Terminbasisplan wurde bei der Terminplanung erstellt. Die Fortschrittsberichte werden von den Teammitgliedern während der Projektausführung angefertigt. Mit ihnen teilen sie beispielsweise Folgendes mit: den Status der Arbeiten, die tatsächlichen Anfangs- und Endzeitpunkte der Vorgänge oder bis zu welchem Grad sie vollendet sind. Fortschrittsberichte werden periodisch erstellt.

In der Terminplansteuerung wird überprüft, ob das Projekt nach Plan verläuft. Ist dies nicht so, dann werden Maßnahmen ergriffen, mit denen das Projekt wieder in den planmäßigen Verlauf gebracht wird.

So ermitteln Sie den Fertigungsstellungsgrad

Wie weit sind Sie mit Ihrem Projekt? Diese Frage müssen Sie jederzeit beantworten können. Die schlechteste Antwort darauf ist eine, die mehr durch das Gefühl als durch harte Fakten bestimmt wird. Aber was sind die harten Fakten, mit denen Sie messen können, wie weit ihr Projekt ist?

Den Fertigstellungsgrad des Projekts können Sie nach den folgenden Verfahren feststellen:

Fertigstellung von Phasen

Statusschritte ermitteln

Zu Beginn des Projekts wird das Projekt in Phasen eingeteilt. In der Softwareentwicklung sind dies üblicherweise Konzept, Programmierung und Test, beim Hausbau Architektenentwurf, Bauzeichnung, Rohbau und Innenausbau. Für jede dieser Phasen wird dann ein Erfahrungswert als Fertigstellungsgrad zugrunde gelegt. Zum Beispiel: Nach dem IT-Konzept 40 Prozent, nach der Programmierung 80 Prozent und nach dem Test 100 Prozent.

Proportionales Verfahren

Mengen- und Zeitproportionen

Dieses Verfahren wird angewendet, wenn im Projekt mehrere gleiche Einheiten produziert werden. Beispiel: Bei einem Projekt, bei dem 100 Ferienhäuser gebaut werden sollen, lässt sich der Fertigstellungsgrad nach der Anzahl der fertiggestellten Häuser bestimmen. Sind 50 Häuser fertig, ist das Projekt zu 50 Prozent fertig.

Bewerten von Arbeitspaketen

Arbeitspakete bewerten

Mit dieser Methode erhalten Sie die genauesten Ergebnisse und sie ist auch bei allen Projekten anwendbar. Grundlage sind die Arbeitspakete und die Zeiten, die Sie für deren Fertigstellung geschätzt haben. Wie Sie damit den Fertigstellungwert ermitteln, zeige ich Ihnen an dem folgenden Beispiel.

Die Tabelle in Abbildung 19 (siehe nächste Seite) enthält Planwerte von 5 Arbeitspaketen. Zusammen dauern alle Arbeitspakete 100 Tage. Die Zeiten für die fertiggestellten Arbeitspakete werden addiert. Bei den nicht fertiggestellten Arbeitspakten haben Sie zwei Möglichkeiten. Entweder Sie berücksichtigen diese zu 20 Prozent oder zu 50 Prozent. Das heißt: Das nicht fertiggestellte Arbeitspaket A4 wird mit 6 Tagen bei der 20-Prozent-Regel und mit 15 Tagen bei der 50-Prozent-Regel berücksichtigt.

Arbeits-paket	Plan-wert	Status	0/100 Regel	20/80 Regel	50/50 Regel
A1	10	fertig	10	10	10
A2	20	fertig	20	20	20
A3	10	fertig	10	10	10
A4	30	angefangen	0	6	15
A5	10	angefangen	0	2	5
	100		40 %	48 %	50 %

Abbildung 19: Der Fertigstellungsgrad wird mit verschiedenen Methoden berechnet.

Das Schlüsselelement der Terminplansteuerung ist die Abweichungsanalyse. Hier vergleichen Sie die tatsächlichen Zeiten mit den geplanten Zeiten. Terminplanabweichungen werden in einem Vergleichsbalkendiagramm deutlich gemacht. Ein solches Balkendiagramm sehen Sie in Abbildung 20. Der helle Balken zeigt die Vorgänge, wie sie geplant sind, die dunklen Balken die tatsächlichen Zeiten, in denen die Vorgänge durchgeführt wurden. So sehen Sie auf einen Blick, welche Vorgänge im Plan sind, welche noch im Rahmen der geplanten Pufferzeiten liegen und welche verzögert sind.

Während im Vergleichsbalkendiagramm nur die Planung mit dem tatsächlichen Projektfortschritt verglichen wird, können Sie mit sogenannten Run-Charts Trends im Projektverlauf darstellen. Ein Beispiel dafür ist die Meilenstein-Trendanalyse, wie sie in Abbildung 21 dargestellt ist. Sie zeigt, wie sich der Projektverlauf entwickeln wird.

Meilenstein-Trendanalyse

In der Meilenstein-Trendanalyse wird der Termin des Meilensteins zu unterschiedlichen Zeitpunkten geschätzt. Aus dem Verlauf der Schätzungen kann man dann erkennen, wie sich aufgrund des Projektfortschritts der Termin für den Meilenstein verändert. In der Abbildung 20 (siehe nächste Seite) sieht man, dass der Meilenstein 1 bis zur 4. Schätzung immer früher fertig wird, sich danach aber der Trend umkehrt und der Meilenstein sich wieder nach hinten verschiebt.

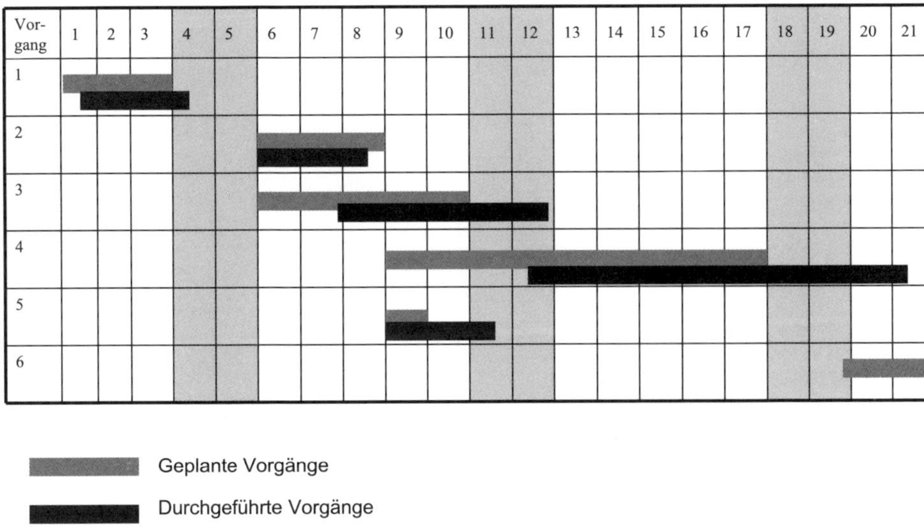

Abbildung 20: Die Meilenstein-Trendanalyse zeigt, wie sich die Termine für die Meilensteine verschieben.

Ihre Aufgabe als Projektleiter:

- ☐ Legen Sie fest, wie die Zeiten im Projekt geschätzt werden und wer diese Schätzung vornimmt.
- ☐ Schätzen Sie die Vorgangsdauern realistisch. Es ist Ihre Verantwortung als Projektleiter, dass der Terminplan eingehalten wird. Und dies können Sie nur mit einem nach bestem Wissen und Gewissen erstellten Netzplan.
- ☐ Sorgen Sie dafür, dass die Schätzungen im Verlauf des Projekts überprüft werden.
- ☐ Dokumentieren Sie die Erfahrungen mit der Schätzung, die Rahmenbedingungen und die Schätzwerte als Lessons Learned.
- ☐ Erstellen Sie mit Ihrem Team einen Netzplan.
- ☐ Ermitteln Sie den kritischen Pfad.
- ☐ Legen Sie einen Projektkalender an, aus dem die Verfügbarkeit der Projektmitarbeiter zu erkennen ist.

- ☐ Übersetzen Sie den Netzplan in einen Terminplan und einen Meilensteinplan.
- ☐ Optimieren Sie den Netzplan und den Terminplan durch Crashing, Fast Tracking und Leveling.
- ☐ Besprechen Sie den Terminplan mit Ihrem Team und holen Sie dafür das Commitment aller Projektmitarbeiter ein.
- ☐ Kommunizieren Sie den Meilensteinplan dem Auftraggeber und allen wichtigen Stakeholdern. Holen Sie das Commitment zum Meilensteinplan ein.
- ☐ Kommunizieren Sie auch die Optimierung dem Auftraggeber und den Stakeholdern und weisen Sie auf die Kosten und die Risiken hin.

6. Kostenmanagement: Das Budget im Griff behalten

Budget realistisch planen

Nichts ist schlimmer, als wenn der Projektleiter gegen Ende eines Projekts feststellt, dass kein Geld mehr vorhanden ist. Genau so wichtig wie eine gute Terminplanung ist die Kostenplanung. Sie als Projektleiter sind nicht immer für die finanziellen Mittel verantwortlich, müssen aber dafür sorgen, dass sie von der zuständigen Stelle zur Verfügung gestellt und die Rechnungen bezahlt werden.

Genauso wie beim Termin trägt auch beim Budget der Projektleiter die Verantwortung. Wenn am Ende des Projekts das Geld fehlt, dann nützt es nichts, sich mit einem zu geringen Budget herauszureden. Der Grundstein für den Erfolg des Projekts wird auch hier bereits zu Beginn gelegt. Der Projektleiter muss ein realistisches Budget einfordern. Wenn nicht genügend finanzielle Mittel zur Verfügung stehen, dann suchen Sie nach Optionen, wie die Ziele des Projekts mit den vorhandenen Mitteln erreicht werden können.

Im Kostenmanagement werden die Kosten geschätzt, geplant und gesteuert, damit das Projekt mit dem genehmigten Budget fertiggestellt werden kann.

In diesem Kapitel erhalten Sie Antworten auf die folgenden Fragen:

- Welche Kosten kommen in einem Projekt auf?
- Wie schätze ich Kosten?
- Was ist das Projektbudget?
- Wie behalte ich die Kosten im Griff?

Was ist zu tun?

Kosten im engeren Sinne entstehen für Material, Geräte, Löhne, und für die Ausführung der Arbeiten im Projekt. Aber Kosten entstehen auch, nachdem das Projekt bereits beendet ist. Ein typisches Beispiel dafür sind Wartungskosten. Verantwortungsvoll als Projektleiter handeln Sie dann, wenn Sie die Kosten des Produkts über seinen gesamten Lebenszyklus im Auge behalten.

Für die Ermittlung der Kosten nutzen Sie folgende Informationen:

- **Unternehmensumwelt:** Eine Übersicht über die Preise und Konditionen von Leistungen, die Sie einkaufen müssen, ist eine Grundlage für die Kostenschätzung.
- **Vorgaben der Organisation:** Kosten sind in Unternehmen die Domäne der Finanz- und Controllingabteilung. Diese macht Vorgaben für die Kostenschätzung, unterstützt Sie mit Vorlagen und Daten über Kosten.
- **Scope Statement:** Die Beschreibung des Inhalts und des Umfangs legt fest, was zu erstellen ist und welche Vorgaben dabei einzuhalten sind.
- **Terminplan:** Aus dem Terminplan ersehen Sie, wann welche Kosten entstehen. Das kann bei langen Projekten einen Einfluss haben, da sich die Kosten für Leistungen während des Projekts verändern können oder Finanzierungskosten berücksichtigt werden müssen.
- **Risiken:** Für Risiken müssen zusätzliche Kosten eingeplant werden.

Prozesse des Kostenmanagements

Im Kostenmanagement führen Sie folgende Tätigkeiten durch:

- Schätzen Sie, wie hoch die Kosten für das Projekt sein werden.
- Erstellen Sie einen Kostenplan, aus dem zu erkennen ist, welches Budget für jeden einzelnen Vorgang zur Verfügung steht.
- Stellen Sie sicher, dass das Projekt liquide ist, damit für die beauftragen Leistungen auch die Mittel vorhanden sind.
- Überwachen Sie, wie sich die Kosten aufgrund des Projektverlaufs verändern.

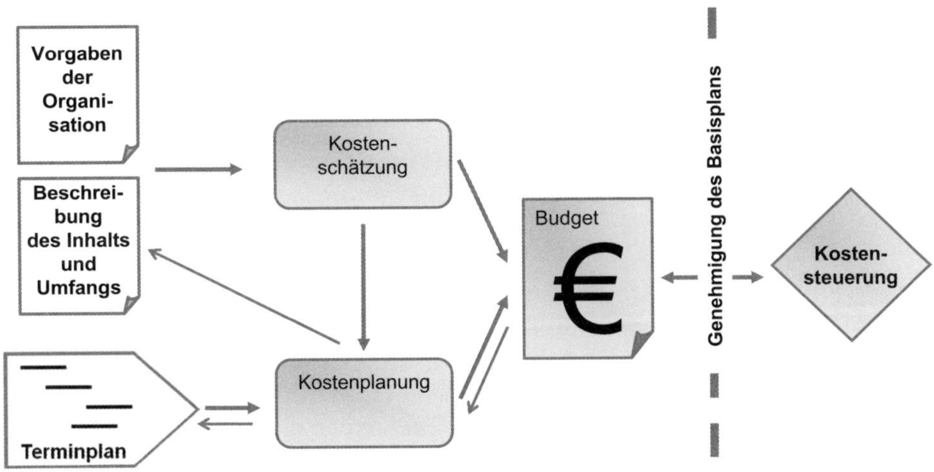

Abbildung 21: Das Kostenmanagement sorgt dafür, dass die Kosten im Rahmen bleiben.

Kosten, was ist das eigentlich?

Weder der Auftraggeber noch der Projektleiter sind daran interessiert, hohe Kosten zu verursachen. Dies heißt aber nicht, dass man an allen Ecken und Enden spart, vielmehr wird immer die kostengünstigste Lösung gesucht.

Kosten entstehen täglich im Projekt. Die Arbeitszeit der Teammitglieder im Projekt muss bezahlt werden, genauso wie die Arbeitsmittel finanziert werden müssen, die sie verbrauchen. Kosten

Kosten sind der Geldwert oder Preis, der für einen Vorgang oder eine Komponente im Projekt bezahlt werden muss.

Kosten sind nicht gleich Kosten. Deshalb strukturieren Betriebswirte Kosten nach unterschiedlichen Gesichtspunkten, den Kostenarten. Folgende Kostenarten sollten Sie unterscheiden: Kostenarten

- **Fixe Kosten:** Dies sind Kosten, welche im Projekt unabhängig davon entstehen, ob gearbeitet wird oder nicht. Mieten, der Kauf von Geräten oder Versicherungen sind Beispiele für fixe Kosten.
- **Variable Kosten:** Variable Kosten sind das Gegenteil von fixen Kosten. Sie entstehen dann, wenn im Projekt gearbeitet wird, und sie sind abhängig von der Arbeitsmenge: Stückkosten, Überstunden und der Verbrauch von Material sind Beispiele für diese Kostenart.
- **Direkte Kosten:** Diese Kosten können direkt einem Arbeitspaket oder einem Vorgang zugeordnet werden. Wenn das Arbeitspaket oder der Vorgang gestrichen wird, fallen auch keine Kosten an. Andererseits werden die Kosten höher, wenn sich der Umfang der Arbeiten vergrößert.
- **Indirekte Kosten:** Nicht alle Kosten in einem Projekt lassen sich einem Arbeitspaket oder einem Vorgang zuordnen. Die Anschaffung der Projektmanagementsoftware, eines Kopierers oder Ihre Arbeitszeit als Projektleiter sind indirekte Kosten. Sie werden nicht einem Arbeitspaket zugeordnet, sondern dem gesamten Projekt.
- **Sunk Cost:** Der Volksmund sagt hierzu auch: „Werfe schlechtem Geld kein gutes hinterher". Sunk Cost sind Kosten, die bereits entstanden sind, aber für eine Investitionsentscheidung nicht mehr berücksichtigt werden. Sunk Cost sind zum Beispiel die Aufwendungen für einen Zimmeranstrich, dessen Farbe dem Kunden nicht gefällt. Die Idee der Sunk Cost ist, dass man die Entscheidung nicht von den Kosten einer Fehlinvestition abhängig machen sollte. Bei der Entscheidung über einen Neuanstrich würden die bisher angefallen Kosten nicht berücksichtigt.
- **Opportunitätskosten:** Für Opportunitätskosten muss kein Geld bezahlt werden. Beispiel: Sie haben Farbe für die Renovierung des Hauses bestellt. Einige Tage später bekommen Sie ein günstigeres Angebot. Sie können aber von der Bestellung nicht mehr zurücktreten. Die Kosten, die Sie theoretisch gespart haben könnten, sind die Opportunitätskosten.

Das Budget bestimmt den Kostenrahmen

Budget

Wenn Sie gegen Ende des Projekts feststellen, dass Geld in der Kasse fehlt, dann brauchen Sie gute Argumente, um weitere Mittel locker zu machen. Schon in der Planungsphase legen Sie den Grundstein dafür, wie gut das Projekt mit Mitteln ausgestattet ist. Dabei kommt es nicht darauf an, ein möglichst großes Budget zu haben, sondern genau die Mittel, die Sie für die Projektdurchführung benötigen.

Das Budget sind die für das Projekt zur Verfügung stehenden Mittel. Sie werden aufgrund einer Schätzung festgelegt.

Kostenschätzungen

Bei der Kostenschätzung wenden Sie die gleichen Verfahren an wie bei der Aufwandsschätzung. Hier schätzen Sie jedoch nicht die Dauer von Vorgängen, sondern die Kosten, die entstehen, wenn der Vorgang ausgeführt wird. Bei der Kostenschätzung berücksichtigen Sie auch Reserven. Wie hoch diese sind, ermitteln Sie aus Daten vergleichbarer Projekte. Auch für Risiken werden Kosten ermittelt und im Budget berücksichtigt. Dazu erfahren Sie mehr im Kapitel „Risikomanagement". Die Kunst bei der Kostenschätzung besteht darin, diese so zu schätzen, dass dadurch die Kosten für das Projekt nicht unnötig hoch werden, andererseits aber auch genügend Reserven vorhanden sind, wenn das Projekt nicht nach Plan verläuft.

Genauigkeit der Kostenschätzung

Stellen Sie sich vor, Sie geben eine Kostenschätzung für Ihr Projekt ab und der Auftraggeber fragt Sie: „Wie genau ist diese Schätzung?" Ihre Antwort wird anders ausfallen, je nachdem, ob Sie am Beginn des Projekts stehen oder schon eine sehr detaillierte Planung vorliegt. Je mehr Sie über das Projekt wissen, umso genauer ist die Schätzung. Üblicherweise werden drei Genauigkeitsstufen verwendet:

- Schätzungen der Projektkosten: Kostenschätzungen bei der Initialisierung des Projekts können nur einen Richtwert liefern. Dieser liegt zwischen plus / minus 50 Prozent.
- Schätzungen für das Projektbudget: Während der Planungsphase wird die Schätzung genauer. Sie liegt dann zwischen minus 10 Prozent und plus 25 Prozent.
- Schätzungen während der Projektausführung: Während der Projektdurchführung liegen dann genauere Daten für die Schätzung vor. Die Abweichung vom Schätzwert beträgt dann plus / minus 10 Prozent.

☑

So stellen Sie fest, dass die Kostenschätzung beendet ist:

Ergebnisse der Kostenschätzung

- ☐ Kosten für jeden Vorgang sind bekannt. Das sind Kosten für Material, Geräte, Dienstleistungen, Einrichtungen, Informationstechnologie, Inflationszuschläge und Sicherheitsreserven.
- ☐ Informationen zur Kostenschätzung sind festgehalten. Dazu gehören Informationen, auf welcher Basis die Schätzung vorgenommen wurde, welche Annahmen der Schätzung zugrunde liegen, welche Beschränkungen eingehalten wurden und welche Genauigkeit die Schätzung hat.
- ☐ Änderungen am Projektplan sind festgehalten. Durch eine Kostenschätzung können Änderungen am Netz- oder Terminplan notwendig sein. Zum Beispiel kann sich aus der Kostenschätzung ergeben, dass eine alternative Vorgehensweise in einem Vorgang kostengünstiger ist als die ursprünglich geplante.

Eine Kostenschätzung ist mehr als die mechanische Berechnung der Kosten der bereits geplanten Vorgänge. Bei der Kostenschätzung wird das Projekt unter dem Aspekt der Kosten beleuchtet. Erst wenn Sie wissen, was ihr Projekt kostet, können Sie sagen, ob Sie den geplanten Inhalt und Umfang des Projekts auch realisieren können.

Tipp:
Nutzen Sie die Kostenschätzung, um mit dem Auftraggeber und den anderen Stakeholdern den Inhalt und Umfang des Projekts nochmals kritisch zu beleuchten. Wenn bekannt ist, wie teuer ein bestimmtes Merkmal oder eine bestimmte Leistung ist, können der Auftraggeber oder die Stakeholder neu bewerten, ob dieses Merkmal wirklich erforderlich ist.

Ihre Aufgabe als Projektleiter bei der Kostenschätzung und Kostenplanung:

- ☐ Ermitteln Sie die Kosten für das Projekt so genau wie möglich.
- ☐ Planen Sie Reserven für unvorhergesehene Dinge ein.
- ☐ Verhandeln Sie das endgültige Budget mit dem Auftraggeber.
- ☐ Überwachen Sie die Kostenentwicklung, um Abweichungen vom Kostenbasisplan zu erkennen und zu verstehen.
- ☐ Versuchen Sie Kostenüberschreitungen auf einem akzeptablen Niveau zu halten.

7. Qualitätsmanagement: Liefern, was bestellt ist

Mangelnde Qualität kann den Erfolg des gesamten Projekts gefährden und so zu einem „Bumerang“ werden. Denn ein qualitativ schlechtes Projektergebnis lässt sich mit harten Zahlen belegen: Die Kosten für das Projekt steigen, der Zeitplan kann nicht eingehalten werden und im schlimmsten Fall verweigert der Auftraggeber die Abnahme. Der Grund dafür ist: Bereits erstellte Ergebnisse entsprechen nicht den Anforderungen und müssen korrigiert und oft sogar neu erstellt werden. Mangelnde Qualität hat aber noch andere Auswirkungen, die nicht unbedingt in Zahlen messbar sind: Der Auftraggeber oder Kunde ist unzufrieden, das Projektteam kann nicht stolz auf seine Leistung sein und die Motivation lässt nach.

Gute Qualität entsteht nicht von alleine. Durch die Methoden und Tools des Qualitätsmanagements lassen sich von Anfang an Ergebnisse mit einer hohen Qualität erstellen.

Durch die im Qualitätsmanagement angewendeten Prozesse und Methoden wird erreicht, dass das Projekt den im Projektauftrag festgelegten Anforderungen und Bedürfnissen entspricht.

In diesem Kapitel erhalten Sie Antworten auf die folgenden Fragen:

- Was ist Qualität?
- Wie werden Fehler bei der Projektarbeit vermieden?
- Wie werden Fehler festgestellt?
- Welche Tools und Techniken unterstützen das Qualitätsmanagement?

Was ist zu tun?

Niemand bezweifelt, dass in einem Projekt alle nach bestem Wissen arbeiten. Aber das reicht nicht aus, damit das Ergebnis den Auftraggeber zufriedenstellt. Wo Menschen arbeiten, werden Fehler gemacht und gibt es Missverständnisse. Beides führt dazu, dass das Ergebnis nicht immer den Erwartungen des Auftraggebers entspricht. Aufgabe des Qualitätsmanagements ist es, genau diese beiden Faktoren möglichst gering zu halten. Qualität entsteht, wenn schon in der Planung des Projekts dafür gesorgt wird, dass Qualitätsstandards eingehalten werden. Man sagt auch, Qualität wird in das Projekt „hineingeplant". Die Qualitätsprüfung am Ende oder bei Zwischenergebnissen stellt dann nur sicher, dass Fehler innerhalb des Projekts von den Beteiligten entdeckt werden und nicht durch den Kunden.

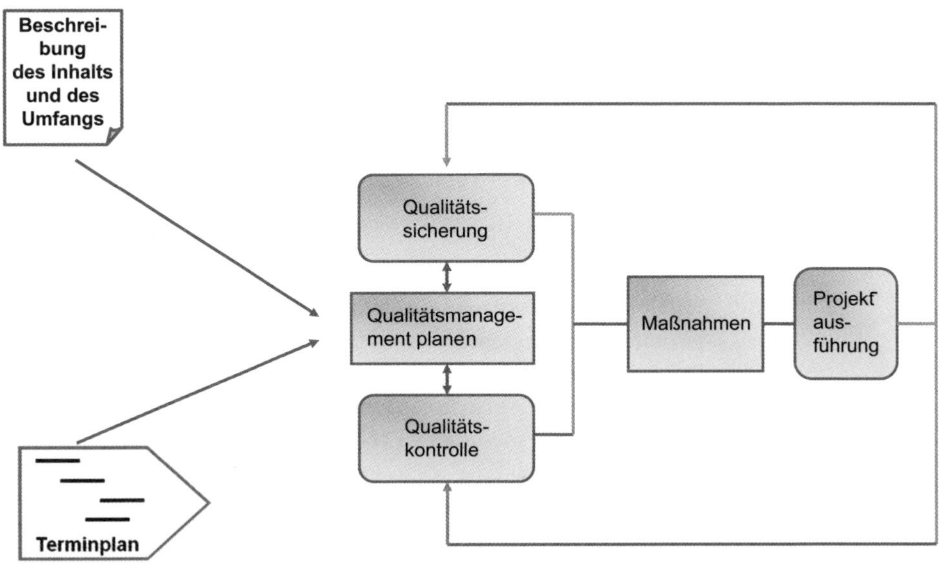

Abbildung 22: Qualitätsmanagement sorgt dafür, dass der Auftraggeber das bekommt, was er bestellt hat.

Prozesse des Qualitätsmanagements

Im Qualitätsmanagement führen Sie folgende Tätigkeiten durch:

- Die bestehenden Qualitätsstandards und Prozesse werden an das Projekt angepasst. Oder es werden Qualitätsstandards für das Projekt festgelegt, wenn sie noch nicht vorhanden sind.
- Durch Audits wird festgestellt, ob die Qualitätsstandards und Prozesse eingehalten werden.
- Qualitätskontrollen werden durchgeführt, um Abweichungen festzustellen und Korrekturen einzuleiten.

Qualität, was ist das eigentlich?

Qualität ist relativ

Welches Auto ist besser: Ein Audi A8 oder ein Smart? Spontan sagen viele Teilnehmer meiner Projektmanagementtrainings, dass der Audi A8 das bessere Auto sei. Aber stimmt das wirklich? Wenn wir von Qualität reden, meinen wir unterschwellig immer, dass das Produkt, welches mehr Leistungsmerkmale hat, stabiler gefertigt ist oder schöner aussieht. Aber ist es das wirklich? Der Audi A8 ist sicher das bessere Auto für jemanden, der lange Strecken fährt, repräsentieren will und auf ein gehobenes Image Wert legt. Für jemanden, der nur in der Stadt einkaufen fährt, wenig Geld für die Unterhaltung ausgeben will und sich mit kleinen Parklücken zufriedengeben muss, ist sicher der Smart das bessere Auto.

Kano-Modell

Qualität wird von verschiedenen Personen unterschiedlich beurteilt. Dr. Noriaki Kano, Professor an der Universität Tokio, hat daraus das nach ihm benannte Kano-Modell abgeleitet. Mit ihm können die Kundenerwartungen ermittelt werden. Das Modell unterscheidet die folgenden Qualitätsebenen:

- **Basismerkmale**, die so grundlegend und selbstverständlich sind, dass sie den Kunden erst dann bewusst werden, wenn sie fehlen. Am Beispiel Auto sind dies Sicherheitsmerkmale und Rostschutz.
- **Leistungsmerkmale** sind dem Kunden bewusst und beseitigen Unzufriedenheit oder tragen, je nach deren Ausprägung, zur Kundenzufriedenheit bei. Am Beispiel Auto sind dies die Fahreigenschaften, seine Beschleunigung und die Lebensdauer.

- **Begeisterungsmerkmale** sind dagegen Nutzen stiftende Merkmale, mit denen der Kunde nicht unbedingt rechnet. Sie zeichnen das Produkt gegenüber der Konkurrenz aus und rufen Begeisterung hervor. Eine kleine Leistungssteigerung kann zu einer überproportionalen Nutzenstiftung führen. Sonderausstattungen oder ein besonderes Design sind bei einem Auto Begeisterungsmerkmale.
- **Unerhebliche Merkmale** sind sowohl bei Vorhandensein wie auch bei Fehlen ohne Belang für den Kunden. Beim Beispiel Auto könnte dies für eine bestimmte Kundengruppe ein Automatik-Getriebe sein.
- **Rückweisungsmerkmale** führen bei Vorhandensein zu Unzufriedenheit, bei Fehlen jedoch nicht zu Zufriedenheit. So zum Beispiel ein Automatikgetriebe für sportliche Fahrer.

Qualität ist relativ

Die Erwartungshaltung gegenüber einem Produktmerkmal ist nicht für alle Individuen identisch. Während eine Person A ein Produktmerkmal als Begeisterungsmerkmal einstuft, kann derselbe Umstand für Person B ein Basismerkmal und für Person C ein Rückweisungsmerkmal sein.

Über die Zeit gesehen verändern sich die Eigenschaften, da ein Gewöhnungseffekt entsteht. So werden Begeisterungsmerkmale mit der Zeit zu Leistungs- oder Basismerkmalen, wie zum Beispiel Airbags bei Autos.

Qualität ist relativ. Gut ist ein Produkt, das genau die Anforderungen erfüllt, die daran gestellt werden. Nicht mehr und nicht weniger. Wenn ein Ergebnis mehr Merkmale hat als eigentlich gefordert werden, nennt man dies auch „Gold Plating“. Ein eigentlich für seinen Zweck ausreichender Gegenstand wird vergoldet. Damit erhält er aber nur scheinbar mehr Wert. Und dies ist genauso schlecht, wie wenn im Ergebnis Merkmale fehlen. Denn für Gold Plating wird Zeit verschwendet und Geld unnötig ausgegeben.

Die Qualität eines Produkts zeigt sich darin, in welchem Umfang seine Eigenschaften den Anforderungen entsprechen.

Qualität und Klasse

Dennoch gibt es einen Unterschied zwischen einem Audi A8 und einem Smart. Dieser Unterschied wird als Klasse bezeichnet. Der Audi A8 ist ein Wagen für hohe Ansprüche. Für ihn werden andere Anforderungen definiert als für den Kleinwagen Smart. Beide Autos haben eine unterschiedliche Klasse, innerhalb ihrer Klasse können sie jedoch die gleiche Qualität haben.

Kundenzufriedenheit

Ein Kunde ist zufrieden, wenn seine Erwartungen erfüllt sind. Meist weiß der Kunde selbst nicht, was er wirklich erwartet, und seine Wünsche bleiben schwammig. Erwartet der Kunde einen guten Service, dann muss festgelegt werden, was dies bedeutet: Das Produkt muss 24 Stunden und sieben Tage in der Woche einwandfrei funktionieren, der Servicedienst muss immer erreichbar sein und Störungen müssen sofort behoben werden. Wenn das Produkt maximal eine Störung im Jahr hat, kann es ausreichen, dass der Service nur zur Arbeitszeit erreichbar ist und Störungen innerhalb von einem Tag beseitigt werden.

Unausgesprochene Anforderungen

Anforderungen an ein Produkt werden definiert, jedoch nicht immer explizit. Wenn Sie ein Auto kaufen, setzen Sie voraus, dass es fährt, verkehrstüchtig ist und eine Grundausstattung von heute üblichen Leistungsmerkmalen hat. Diese Anforderungen verstehen sich von selbst und müssen nicht beschrieben werden. Je neuer und einmaliger das Projektergebnis ist, umso genauer müssen die Anforderungen beschrieben werden, da Sie nicht voraussetzen können, dass es ein gemeinsames Verständnis über einen Großteil der Anforderungen gibt.

Qualitätsdimensionen

Drei unterschiedliche Dimensionen kennzeichnen die Qualität eines Produkts: Zuverlässigkeit, Benutzerfreundlichkeit und Wartungsfreundlichkeit.

- **Zuverlässigkeit:** „Er läuft und läuft und läuft". Mit diesem Spruch warb VW für seinen Käfer. Die Werbung stellte mit diesem Spruch das Merkmal der Zuverlässigkeit dieses Nachkriegserfolgsautos heraus. Zuverlässig ist ein Produkt dann, wenn es seine Funktion erfüllt. Ein Telefonanschluss ist dann zuverlässig, wenn wir immer dann, wenn wir zum Hörer greifen, eine Verbindung bekommen.

- **Benutzerfreundlichkeit:** Sie ist ein subjektives Merkmal. Die Benutzerfreundlichkeit hängt davon ab, als wie komfortabel ein Anwender das Produkt empfindet. Während der eine ein Auto in der Grundausstattung bereits komfortabel findet, müssen für den anderen das Lenkrad verstellbar, die Sitze heizbar und die Spiegel elektrisch verstellbar sein.
- **Wartungsfreundlichkeit:** Dieses Merkmal schlägt dann zu Buche, wenn das Auto stehen bleibt. Ein wartungsfreundliches Auto kann in kurzer Zeit und mit geringen Kosten wieder flott gemacht werden. Bei einem wartungsunfreundlichen Wagen muss man nach einer Panne erst einmal tief in die Tasche greifen, bevor der Wagen wieder rollt.

Qualitätskosten

„Qualität hat ihren Preis." Das ist ein Spruch, den Verkäufer häufig anbringen, wenn der Kunde fragt, warum das Produkt so teuer ist. Auch in Projekten hat Qualität ihren Preis. Denn vorbeugende Maßnahmen, Qualitätsprüfungen und Maßnahmen zur Behebung von Fehlern müssen im Projekt geplant werden. Dafür werden Zeit und Ressourcen gebraucht. Qualitätskosten haben folgende Ursachen:

- **Vorbeugende Maßnahmen:** Das sind Maßnahmen, mit denen verhindert werden soll, dass Fehler entstehen. Dazu gehören Trainings für die Teammitglieder, Studien und Kosten für die Etablierung der Qualitätsstandards.
- **Qualitätsprüfungen:** Es ist immer besser, wenn Sie als Projektleiter vor Ihrem Kunden einen Fehler entdecken. Dies erreichen Sie dadurch, dass Sie das im Projekt erstellte Ergebnis prüfen. Audits und Qualitätskontrollen sind Maßnahmen, mit denen Sie die Qualität prüfen.
- **Fehler:** Fehler können zu einem großen Teil durch vorbeugende Maßnahmen vermieden werden. Aber dennoch treten Fehler immer wieder auf. Dadurch entstehen zugleich Kosten, denn die Fehler müssen natürlich beseitigt werden.

Qualitätsmanagementkonzepte

William Edwards Deming: Er hebt vor allem drei Punkte hervor, durch die Qualität verbessert werden kann. Erstens: Jede Aktivität ist ein Prozess und dieser kann verbessert werden. Zweitens: Problemlösung genügt nicht, die Verbesserungen müssen am System vorgenommen werden. Drittens: Die oberste Unternehmensleitung muss handeln, es reicht nicht, wenn sie allein die Verantwortung übernimmt.

Philip B. Crosby: Seine These ist: Qualität kostet nichts. Im Gegenteil, die Nichterfüllung von Qualität verursacht Kosten. Denn wenn Anforderungen nicht erfüllt sind, sind Nacharbeiten erforderlich.

Joseph Moses Juran: Er stellt den Kunden in den Mittelpunkt der Qualität. Für ihn ist Qualität gleichbedeutend mit Gebrauchstauglichkeit für den Kunden.

Kaoru Ishikawa: Alle Prozesse bei der Produktentstehung haben die Erfüllung der Kundenanforderungen zum Ziel.

Total Quality Management (TQM): TQM ist ein Konzept, das alle beteiligten Personen in das Qualitätsmanagement einbezieht.

Kaizen: Dies ist der japanische Begriff für kontinuierliche Verbesserung. Dieses Konzept beschreibt einen Prozess, in dem sich die Qualität in kleinen Schritten verbessert.

Six-Sigma: Ziel bei Six Sigma ist es, so wenig Fehler wie möglich zu machen und dadurch die Kosten zu reduzieren. Um eine Six-Sigma-Qualität zu erreichen, dürfen nicht mehr als 3,4 Fehler in einer Million Fehlermöglichkeiten gemacht werden.

Qualität planen, um Fehler zu vermeiden

„Was müssen wir im Projekt tun, damit das Ergebnis die notwendige Qualität hat?“ Dies ist die Leitfrage, mit der Sie Ihre Überlegungen zum Qualitätsmanagement beginnen. Dabei können Sie auf viele Standards und Verfahren zurückgreifen: Dazu zählen alle allgemeingültigen Standards wie die Norm ISO 9000. Aber auch viele Unternehmen haben eigene Qualitätsstandards, die ebenfalls vom Projekt eingehalten werden müssen. Wenn es ein Kundenprojekt ist, dann müssen selbstverständlich auch die Standards des Kunden eingehalten werden. Last but not least sollten Sie sich als Projektleiter überlegen, ob für ihr Projekt nicht noch eigene Standards und Prozesse erforderlich sind. Jedes Projekt ist immer wieder neu. Und deshalb ist es sehr unwahrscheinlich, dass allgemeingültige Qualitätsstandards alle Anforderungen erfüllen.

Bei der Planung des Qualitätsmanagements wird beschrieben, wie Inhalt und Umfang des Projekts mit der erforderlichen Qualität erreicht werden.

So stellen Sie fest, dass die Qualitätsplanung vollständig ist:

- ☐ Qualitätsstandards für das Projekt sind festgelegt.
- ☐ Die Verantwortung und die Aufgaben des Qualitätsmanagements sind festgelegt.
- ☐ Es gibt Meetings, in denen über die Qualität im Projekt gesprochen wird.
- ☐ Reports für das Qualitätsmanagement sind definiert.
- ☐ Methoden für die Qualitätsmessung sind festgelegt.
- ☐ Ergebnisse, die mit Kontrollen überprüft werden, sind definiert.
- ☐ Es gibt Checklisten, mit denen die Qualität überprüft werden kann.

☑ Ergebnisse

Gute Qualität entsteht durch gute Arbeitsprozesse

Bestimmt kennen Sie die Möbel von IKEA. Nachdem ein Käufer stolzer Besitzer eines Möbelstücks geworden ist, fängt er meistens gleich an, das gute Stück zu montieren. Kurz vor dem letzten Handgriff stellt er fest, dass er ein Teil nicht montieren kann. Jetzt liest er die Aufbauanleitung und stellt fest, dass er dies gleich zu Beginn hätte festschrauben müssen. Ärgerlich. Denn jetzt muss das fast fertige Möbel wieder auseinandergebaut werden. Zu einem perfekten Ergebnis wäre der Käufer gekommen, wenn er die Aufbauanleitung gelesen und kontrolliert hätte, dass alle Teile vorhanden sind, und beim Zusammenbau des Möbels nach der Aufbauanleitung vorgegangen wäre. Aufgabe der Qualitätssicherung ist es, Fälle wie in diesem Beispiel zu vermeiden. Sie sorgt während des Projektverlaufs dafür, dass möglichst wenig Fehler gemacht werden.

Qualitätsstandards überwachen

Wie stellen Sie als Projektleiter fest, dass die Projektmitarbeiter die festgelegten Standards auch einhalten? Nun, Sie können jedem Mitarbeiter über die Schulter sehen und genau kontrollieren, was er tut. Abgesehen davon, das der Aufwand dafür zu groß wäre, würden sich durch dieses Vorgehen die Projektmitglieder gegängelt fühlen und demotiviert werden. Qualitätsstandards werden oft als hinderlich empfunden, denn sie verlangsamen die Arbeit. Nehmen wir wieder das Beispiel unserer Hausrenovierung. Ein Qualitätsstandard könnte sein, alle Türen abzukleben, bevor die Wände gestrichen werden. Dieser Standard verhindert, dass die Türen während der Streicharbeiten verschmutzt werden. Wenn es aber dann schnell gehen muss, ist die Versuchung groß, die Türen nicht abzukleben und darauf zu hoffen, dass beim Streichen die Türen nicht verschmutzt werden.

Qualitätsaudits

Qualitätsaudits sind Meetings, in denen meist nicht zum Projekt gehörende Mitarbeiter, sogenannte Auditoren, prüfen, ob die vereinbarten Standards eingehalten werden. In einem Audit befragt man die Projektmitarbeiter oder den Projektleiter, wie sie vorgehen und auf welche Weise sie die Standards einhalten. Qualitätsaudits sind auch ein Mittel, um Erfahrungen und Best Practices zu ermitteln. In vielen Unternehmen gibt es Qualitätsabteilungen, die diese Audits übernehmen. Wenn es diese Möglichkeit nicht gibt, dann müssen Sie entweder in Ihrem Projekt einen Projektmitarbeiter dafür benennen oder die Audits selbst durchführen.

Ziel eines Qualitätsaudits ist es, ineffiziente Vorgaben, Prozesse und Verfahren herauszufinden. Im Audit wird geprüft, ob die im Projekt angewendeten Prozesse und Verfahren mit denen der Organisation übereinstimmen. Damit wird es wahrscheinlicher, dass die Ergebnisse vom Auftraggeber abgenommen werden. Qualitätsaudits können fest geplant, aber auch als Stichproben durchgeführt werden. Sie werden in der Regel von ausgebildeten Auditoren durchgeführt.

Fehler durch Qualitätskontrolle entdecken

Peinlich: Sie vermieten eine Wohnung und sind für die Renovierung verantwortlich. Doch am Tag des Einzugs entdeckt der neue Bewohner, dass vergessen wurde, die Decken zu streichen. Sie haben nicht nur einen Fehler gemacht, dieser Fehler verhindert auch, dass der Bewohner einziehen kann. Die Möbel müssen vorläufig untergestellt werden und der Mieter muss in einem Hotel übernachten. Die Handwerker müssen nochmals kommen, die Zimmer auslegen und die Decke streichen. Wäre der Fehler zwei Tage vorher entdeckt worden, hätten die Decken noch problemlos in ein paar Überstunden gestrichen werden können.

Auch wenn Sie alles getan haben, um Fehler zu vermeiden, wird immer wieder mal etwas schiefgehen. Vieles davon merken Ihre Projektmitarbeiter oder Sie. Aber dennoch bleibt einiges im Projekt unentdeckt. Spätestens, wenn der Auftraggeber oder Kunde das Ergebnis erhalten hat, kommt dieser Fehler ans Tageslicht. Und dies ist oft nicht nur peinlich, sondern kann auch richtig teuer werden. Nämlich dann, wenn die Fehlerbeseitigung teuer ist oder der Auftraggeber sich weigert, das Produkt anzunehmen.

Fehler

Ein Fehler liegt vor, wenn eine Komponente nicht den Anforderungen der Spezifikation entspricht und repariert oder ausgetauscht werden muss. Fehler werden durch Tests festgestellt. Das Projektteam muss diese Fehler beseitigen, aber auch deren Ursachen analysieren, damit sich insgesamt die Anzahl der Fehler verringert.

Qualitätslenkung

Werden Fehler entdeckt, so hat dies unterschiedliche Auswirkungen. Reparierte Produkte müssen erneut geprüft werden und können ihrerseits wieder durch die Prüfung durchfallen. Die entdeckten Fehler müssen dann erneut beseitigt werden. Fehler können nicht nur zufällig entstehen. Zumindest mehrere gleichartige Fehler können auf einen Fehler im Prozess hinweisen. Der Prozess sollte dann daraufhin untersucht werden, ob nicht durch die Vorgehensweise selbst Fehler entstehen. Werden solche Schwachstellen herausgefunden, dann muss der Prozess korrigiert werden, damit nicht immer wieder die gleichen Fehler auftreten. Vor allem zufällig entdeckte Fehler zeigen, dass wahrscheinlich das Qualitätsmanagement nicht ausreicht. Es müssen dann neue Qualitätssicherungsmaßnahmen oder Qualitätskontrollen durchgeführt werden.

Tools und Techniken im Qualitätsmanagement

Im Qualitätsmanagement werden eine Reihe von Techniken und Tools eingesetzt, um die Qualität zu planen, sicherzustellen und zu kontrollieren. Die wichtigsten Tools habe ich hier zusammengestellt:

Ablaufpläne helfen Schwachstellen zu finden

Ablaufpläne

Mit Ablaufplänen oder Flussdiagrammen werden Arbeitsabläufe dargestellt. Sie zeigen, welche Arbeitsschritte aufeinander folgen und welche Ergebnisse dabei erreicht werden. In der Qualitätsplanung werden sie eingesetzt, um Schwachstellen eines Prozesses zu ermitteln. In der Qualitätssicherung werden sie genutzt, um Fehler in Prozessen zu analysieren. Mit einem Ablaufplan kann das Projektteam ermitteln, welche Probleme an welcher Stelle des Prozesses auftreten können, und damit vorbeugend Maßnahmen entwickeln, um diesen zu begegnen. In Abbildung 23 ist ein Beispiel für einen Ablaufplan dargestellt.

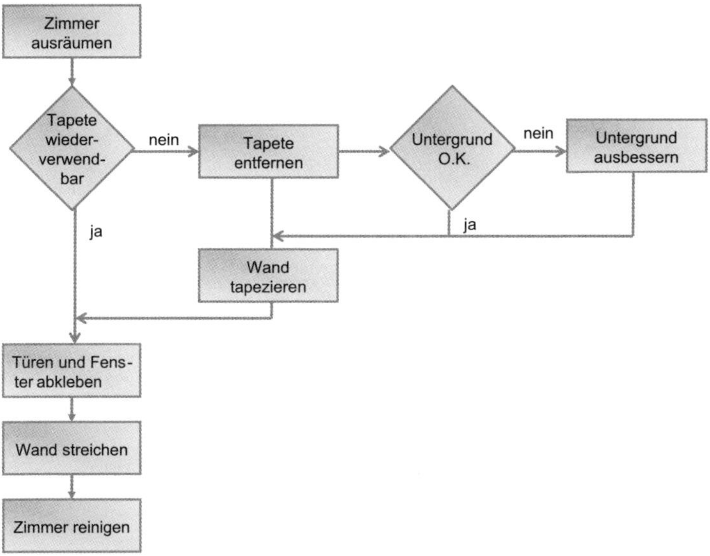

Abbildung 23: Ablaufpläne helfen Fehlerquellen zu finden.

Ishikawa-Diagramme helfen bei der Ursachenanalyse

Das Ishikawa-Diagramm oder auch Fischgrätdiagramm wurde von Kaoru Ishikawa entwickelt, um die Ursachen von Fehlern zu ermitteln. Dabei wird ein Diagramm aufgezeichnet, das einer Fischgräte ähnelt. Ein Beispiel für ein solches Diagramm ist in Abbildung 24 (siehe nächste Seite) dargestellt.

Ishikawa-Diagramm

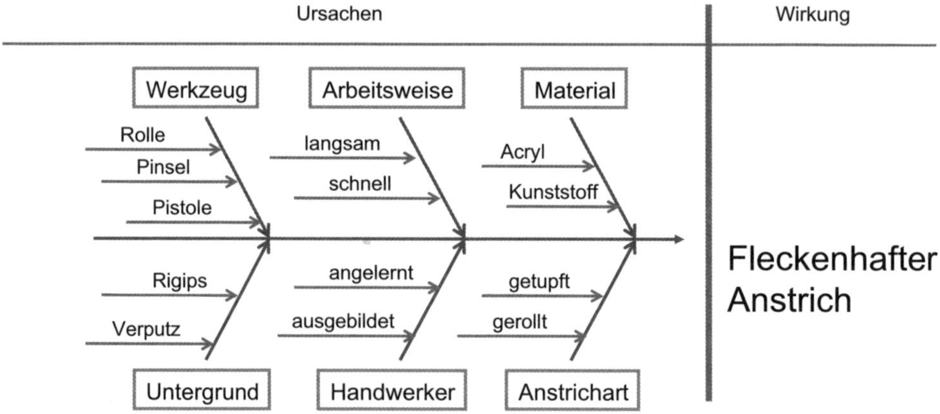

Abbildung 24: Ishikawa-Diagramme zeigen die Fehlerquellen auf.

☑ **So gehen Sie beim Ishikawa-Diagramm vor:**

- ☐ Ermitteln Sie so viele Fehlerursachen wie möglich. Dies sind die Haupteinflussgrößen.
- ☐ Zergliedern Sie die Haupteinflussgrößen in weitere Nebeneinflussgrößen.
- ☐ Überprüfen Sie, ob die Einflussgrößen vollständig sind.
- ☐ Gewichten Sie die Einflussgrößen nach Bedeutung und deren Einfluss auf die Fehlerursache.
- ☐ Bestimmen Sie die Einflussgröße mit der größten Wahrscheinlichkeit.
- ☐ Überprüfen Sie, ob die ermittelte Einflussgröße tatsächlich die Fehlerursache ist.

Histogramme verdeutlichen die Fehlereinflüsse

Ein Histogramm ist ein Balkendiagramm. Jeder Balken steht dabei für ein Merkmal eines Fehlers. Je höher der Balken, desto größer ist der Einfluss dieses Merkmals auf den Fehler. Abbildung 25 zeigt ein Beispiel für ein Histogramm. Sinn dieser Analyse ist, dass man sich auf die Merkmale konzentriert, welche den größten Einfluss haben, und zunächst diejenigen mit einem geringen Einfluss vernachlässigt.

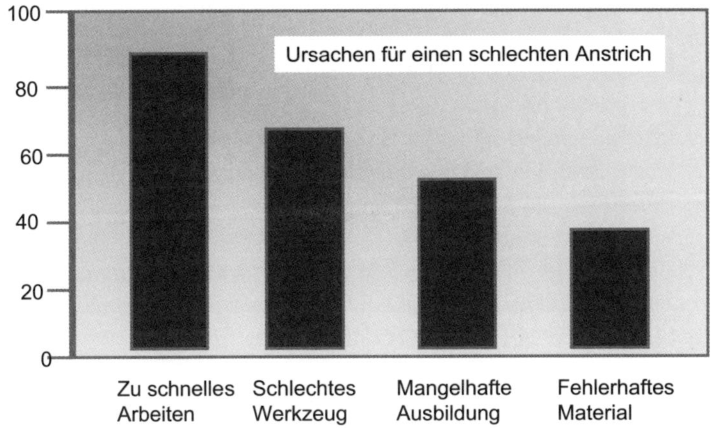

Abbildung 25: Ein Histogramm zeigt, welchen Einfluss einzelne Merkmale auf einen Fehler haben.

Fehler feststellen durch Prüfungen

Mit einer Prüfung wird ein Arbeitspaket daraufhin untersucht, ob es die Standards erfüllt. Für Prüfungen werden auch die folgenden Begriffe verwendet: Reviews, Audits oder Walk Throughs. Ergebnisse der Prüfung sind immer Messwerte. Mit diesen wird dann festgestellt, ob das Produkt oder der Prozess das gewünschte Ergebnis liefert.

Mit Stichproben auf Gesamtheit schließen

Nicht immer kann man alle Produkte prüfen. Oft ist dies zu aufwendig und damit zu teuer. Aus diesem Grund beschränkt man sich auf eine Stichprobe. Aus dem Ergebnis der Stichprobe schließt man dann auf die Gesamtheit der Produkte. Solche Stichprobenverfahren kennen Sie bestimmt auch aus den Wahlanalysen. Die Wahlprognose ist eine Vorhersage des Wahlergebnisses aufgrund einer Befragung von ausgewählten Wählern. Wie gut dies Aussage ist, hängt davon ab, inwieweit die Stichprobe die Gesamtheit typischerweise repräsentiert.

Ihre Aufgaben als Projektleiter im Qualitätsmanagement:

- ☐ Erfragen Sie die Qualitätsstandards des Kunden.
- ☐ Legen Sie die Qualitätsstandards für das Projekt fest.
- ☐ Definieren Sie Standards für Qualitätskontrollen.
- ☐ Vermitteln Sie die Qualitätsstandards an das Projektteam.
- ☐ Ermitteln Sie Probleme, Fehler und Beschwerden und stellen Sie diese ab.
- ☐ Kontrollieren Sie die Arbeiten während der Projektdurchführung, nicht nur am Ende!
- ☐ Führen Sie Qualitätsaudits durch.

8. Personalmanagement: der Richtige am richtigen Platz

Kein Ergebnis ohne menschlichen Einsatz

„Ich danke dem Team. Denn nicht ich bin, sondern mein Team ist für das gute Ergebnis verantwortlich." In diesen typischen Dankesworten eines Projektleiters steckt eine Kernwahrheit des Projektmanagements: Ohne die Menschen im Projekt gibt es kein Ergebnis. Nur wenn diese qualifiziert sind und motiviert arbeiten, kann der Projektleiter sein Ziel erreichen. Und die Projektmitarbeiter arbeiten engagiert, wenn sie im Projekt das tun, was sie können und was sie auch gerne tun.

Eine Herausforderung im Personalmanagement ist es, die richtigen Leute am richtigen Platz zu haben. Und dies bedeutet, für jede Arbeit im Projekt den dafür am besten geeigneten Mitarbeiter zu gewinnen und zu motivieren.

Personalmanagement beschreibt die Vorgänge, mit denen die dem Projekt zugewiesenen Mitarbeiter (das Projektteam) organisiert und geführt werden.

In diesem Kapitel erhalten Sie Antworten auf die folgenden Fragen:

- Wie plane ich den Personaleinsatz im Projekt?
- Wie gewinne ich gute Mitarbeiter für das Projektteam?
- Wie führe und steuere ich Projektmitarbeiter?

Was ist zu tun?

Personalmanagement begleitet Sie durch alle Phasen des Projekts. Es beginnt damit, dass Sie festlegen, wer im Projekt mitarbeitet und wer welche Aufgaben übernimmt. Das Ergebnis ist die Projektorganisation. Wenn Sie wissen, wen Sie im Projekt brauchen, dann müssen Sie diese Leute auch für das Projekt gewinnen. Sind die Leute erst einmal an Bord, dann müssen Sie aus den Menschen ein Team formen, das motiviert die Aufgaben übernimmt. Während der Projektlaufzeit ist eine der wichtigsten Aufgaben die Führung des Projektteams. Dazu gehört, dass Sie Aufgaben verteilen und kontrollieren, ob diese gemacht wurden. Sie helfen den Mitarbeitern, wenn es Probleme gibt, loben, wenn etwas gut gemacht wurde, aber üben auch Kritik, wenn etwas schiefgelaufen ist.

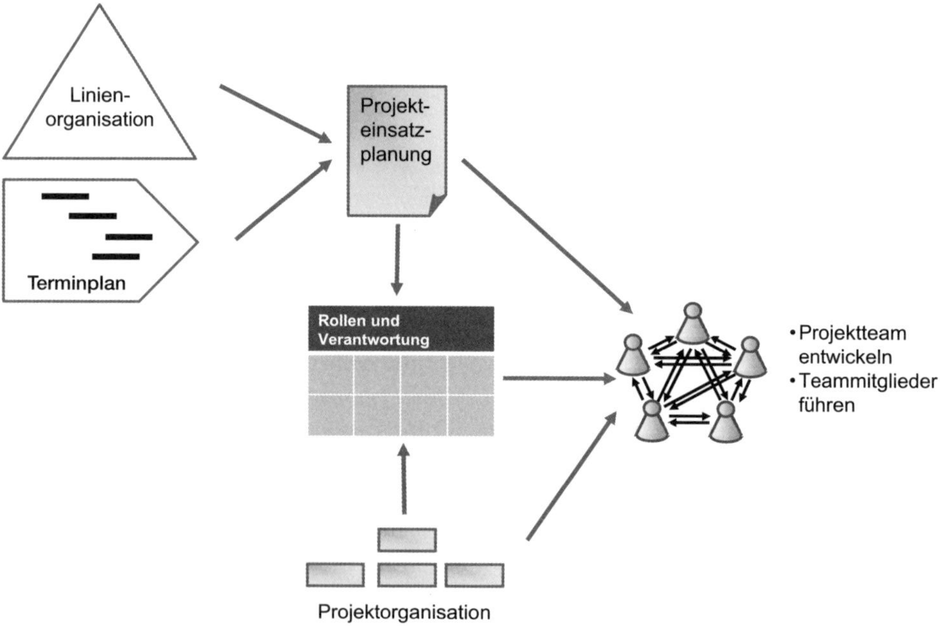

Abbildung 26: Das Personalmanagement sorgt dafür, dass der Richtige am richtigen Platz ist.

Im Personalmanagement führen Sie folgende Tätigkeiten durch:

Prozesse des Personalmanagements

- Sie ermitteln, welche Rollen und Verantwortungen im Projekt übernommen werden müssen.
- Sie organisieren das Projekt, indem Sie Strukturen festlegen, in denen die Arbeit optimal durchgeführt werden kann.
- Sie gewinnen Mitarbeiter für das Projekt und vereinbaren mit deren Personalverantwortlichen den Einsatz im Projekt.
- Sie führen die Projektmitarbeiter und entwickeln sie zu einem Team. Dabei beobachten Sie die Projektmitarbeiter, geben ihnen Feedback und helfen Probleme zu lösen.
- Sie überlegen, wie die Leistung des Projektteams gesteigert werden kann.

Der menschliche Faktor in der Projektplanung

„Ich brauche nicht aufzuschreiben, wer wann, was im Projekt macht. Das habe ich alles im Kopf." Diese typische Aussage eines Projektleiters kann stimmen, wenn sein Projektteam nur aus sechs Leuten besteht. Schwieriger wird es jedoch, wenn 10, 20, 100 oder sogar noch mehr Mitarbeiter im Projekt sind. Hier müssen Sie genau aufschreiben, wer wann in das Projekt kommt, wie die Projektmitarbeiter geführt und kontrolliert werden und wann und wie sie wieder aus dem Projekt entlassen werden.

RACI-Matrix

Im Großen und Ganzen haben die einzelnen Stakeholder ihre Rollen im Projekt. Doch damit weiß noch nicht jeder genau, was er zu tun und zu verantworten hat. Nicht jedes Projektmitglied ist in gleicher Weise an jeder Aktivität im Projekt beteiligt. Es gibt vier typische Formen, wie die Menschen im Projekt an einer Aktivität beteiligt sein können. Für die Aktivität „Terminplan erstellen" ist zum Beispiel der Projektleiter verantwortlich. Das bedeutet aber nicht, dass er ihn tatsächlich selbst erstellt. Dies kann ein Mitarbeiter beispielsweise mit dem Microsoft-Office-Programm MS Project erledigen; eventuell kann er dabei von einem Projektcoach als Berater unterstützt werden. Und dann gibt es noch Personen,

Aktivität	Personen				
	Projektleiter	Wohnungs-eigentümer	Nachmieter	Tapezierer	Maler
Tapeten entfernen	R	I	I	A	I
Wände kontrollieren	R	C	I	A	I
Tapezieren	R	I	I	A	I
Streichen	R	I	I	I	A

Legende:
R: Responsible (zuständig): Person, welche die Aktivität durchführt
A: Accountable (verantwortlich): Person, welche die Verantwortung trägt
C: Consultant (beratend): Person, deren Rat eingeholt wird
I : Inform (informieren): Person, welche über die Ausführung der Aktivität informiert wird oder informiert werden muss

Abbildung 27: Die RACI-Matrix zeigt die unterschiedlichen Verantwortlichkeiten für die Aktivitäten.

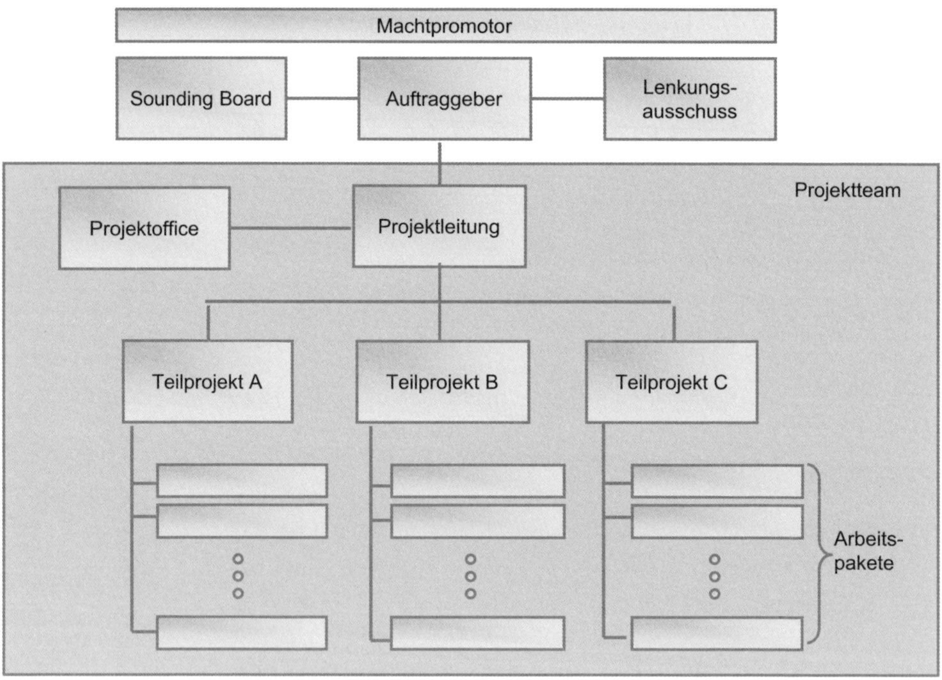

Abbildung 28: Das Organigramm des Projekts zeigt Informationsflüsse, Führungsbeziehungen und Eskalationswege.

die über den Terminplan informiert sein müssen, weil dieser Auswirkungen auf ihre eigenen Arbeiten hat, wie zum Beispiel die Linienmanager, die Mitarbeiter für das Projekt zur Verfügung stellen. Das Instrument, mit dem diese Sachverhalte dokumentiert werden, ist die RACI-Matrix. Dabei steht R für Responsible (zuständig), A für Accountable (verantwortlich), C für Consultant (beratend) und I für Inform (informieren). Ein Beispiel einer RACI-Matrix ist in Abbildung 27 wiedergegeben.

Führungsbeziehungen

„Wer darf in einem Projekt wem etwas sagen?" Die Antwort auf diese Frage gibt das Organigramm des Projekts. Das Organigramm enthält drei wichtige Informationen. Wer führt wen? Wer entscheidet was? Und wie werden Probleme eskaliert? Eine typische Aufbaustruktur eines Projekts ist in Abbildung 28 wiedergegeben.

Der Projektleiter führt alle Teilprojektleiter oder, wenn keine Teilprojekte vorhanden sind, die Projektmitglieder direkt. Bei großen Projekten wird er von einem Projektoffice unterstützt. Der Lenkungsausschuss ist das Entscheidungsgremium für alle Konflikte im Projekt, die dort nicht gelöst werden können. In diesem sogenannten „Sounding Board" sind typische Stakeholder vertreten. Der Begriff „Sounding Board" kommt aus der Musik und bedeutet „Resonanzboden". Im Projektmanagement ist dies ein Instrument, um mit einer ausgewählten Gruppe von Stakeholdern immer wieder Standortbestimmungen und Reflexionen vorzunehmen. Seine Rolle besteht darin, dem Projektleiter Feedback zu geben und so frühzeitig die im Projekt erarbeiteten Ergebnisse auf deren Akzeptanz zu prüfen.

Organisationsstruktur

Je mehr Abteilungen des Unternehmens in das Projekt eingebunden sind, umso schwieriger wird es, den Überblick darüber zu behalten. Die Organisationsstruktur ist ein Instrument, welches verdeutlicht, in welcher Form die Abteilungen des Unternehmens vom Projekt betroffen sind. Die Struktur ist ein Ausschnitt aus dem Organigramm des Unternehmens und zeigt, an welchen Arbeitspakten die einzelnen Abteilungen mitwirken. Sie gibt Antworten auf die folgenden beiden Fragen: Welche Abteilungen sind

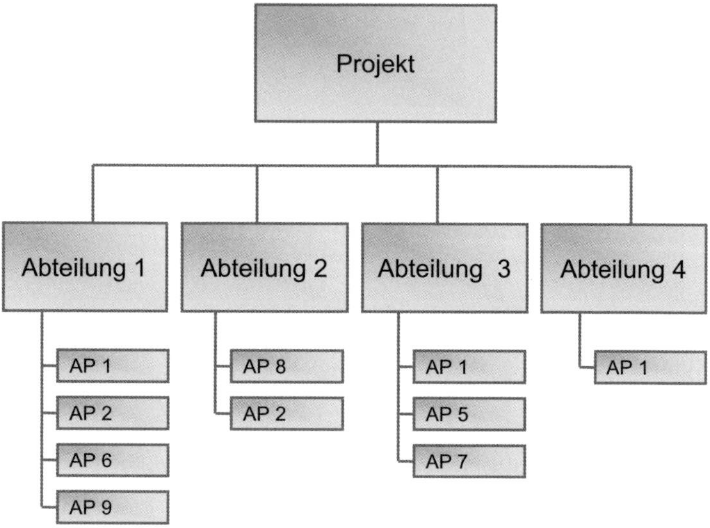

Abbildung 29: Die Organisationsstruktur zeigt, wie das Projekt in die Linienorganisation eingebunden ist.

bei welchen Arbeitspaketen beteiligt? Von welchem Linienmanager braucht das Projekt Ressourcen? Ein Beispiel dafür zeigt Abbildung 29.

Ressourcenstruktur

Bei einem kleinen Projekt können Sie die Personen im Projekt namentlich aufzählen. Wird das Projekt jedoch größer, erweist sich diese Aufzählung schnell als unübersichtlich. Die Frage bei großen Projekten lautet hier: Welches Wissen und welche Fähigkeiten brauche ich? Die Antwort ist dann nicht eine Liste von Namen, sondern die Ressourcenstruktur. Das Wissen und die Fähigkeiten für eine Aufgabe werden in sogenannten „Skill-Profilen" zusammengefasst. Für die Streicharbeiten in einer Wohnung ist das Skill-Profil „Maler" erforderlich. Für das Verlegen von Laminat das Skill Profil „Schreiner". Die Ressourcenstruktur gibt wieder, welche Skill-Profile in welchen Arbeitspakten benötigt werden. Ein Beispiel einer Ressourcenstruktur zeigt Abbildung 30.

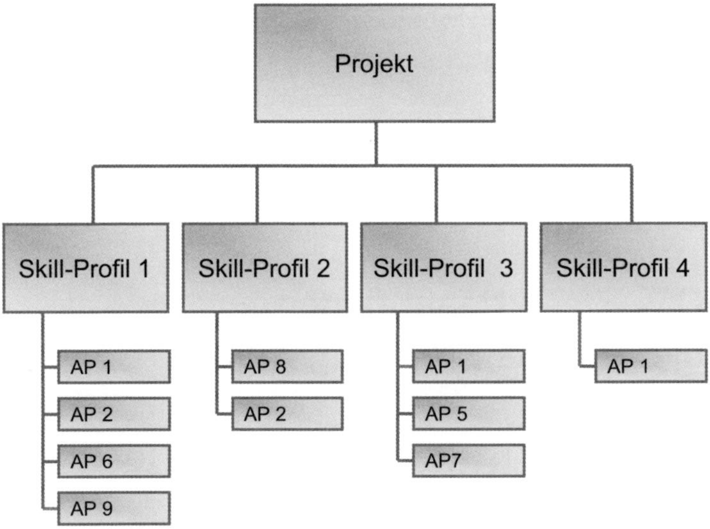

Abbildung 30: Die Ressourcenstruktur zeigt, welche Skill-Profile für welche Arbeitspakete benötigt werden.

Besetzungsplan

Bei vielen Projekten ist es üblich, dass die Projektmitglieder mehr oder weniger auf Zuruf in das Projekt kommen. Der Projektleiter schreibt dem Linienmanager eine Mail und fordert die Unterstützung für das Projekt an. Dieser bestimmt einen Mitarbeiter, leitet die Mail weiter, und schon ist der Mitarbeiter für das Projekt gewonnen. Doch es bleiben bei diesem Vorgehen immer viele Fragen offen. Im Verlauf des Projekts werden dann die Folgen sichtbar: Vielleicht hat der Mitarbeiter für die Zeit, in der er unbedingt im Projekt mitarbeiten muss, Urlaub eingeplant. Oder der Mitarbeiter denkt, dass er während der ganzen Laufzeit des Projekts gebraucht wird. Dabei wird sein Einsatz nur bei einigen Arbeitspaketen benötigt. Ein Besetzungsplan klärt diese Themen, bevor sie im Projekt als Problem auftauchen.

Der Besetzungsplan muss Antworten auf die folgenden Fragen geben:

- Aus welchen Abteilungen kommen die Projektmitarbeiter?
- Zu welchen Zeiten sind die Mitarbeiter verfügbar und zu welchen Zeiten sind sie im Projekt verplant?

- Wann ist die Mitarbeit der Mitarbeiter im Projekt beendet?
- Welche Schulungsmaßnahmen sind für die Projektmitarbeiter erforderlich?
- Welche besonderen Arbeitsbedingungen gelten für den Mitarbeiter (Teilzeitregelung, Einschränkungen für bestimmte Tätigkeiten)?

Das Projektteam finden und für das Projekt gewinnen

Der Erfolg Ihres Projekts hängt davon ab, ob Sie die richtigen Leute an Bord haben. Und dazu müssen Sie nicht nur die richtigen Leute in der Organisation finden, sondern diese dann auch für das Projekt gewinnen.

Projektmitglieder finden

Aus der Ressourcenstruktur wissen Sie, welche Menschen mit welchen Skills Sie brauchen. Jetzt stehen Sie vor der Frage: „Wo finde ich die Mitarbeiter, die ich im Projekt brauche?“ Hierfür gibt es folgende Möglichkeiten:

- Es sind Mitarbeiter, die bereits mit dem Projektauftrag für das Projekt benannt sind. Oft sind dies Spezialisten oder Mitarbeiter, die von einem Kunden gewünscht werden. In diesem Fall werden diese Mitarbeiter automatisch Mitarbeiter im Projekt.
- Es sind Mitarbeiter, die ein Know-how haben, das für das Projekt erforderlich ist. Es sind die einzigen, die diese Tätigkeit machen können. In der Regel sind diese Mitarbeiter bekannt. Jedoch ist es nicht immer einfach, diese für das Projekt zu bekommen.
- Sie brauchen bestimmte Kompetenzen, wobei es mehrere Mitarbeiter mit diesen Fähigkeiten in der Organisation gibt. Diese sind jedoch namentlich nicht benannt. Hier müssen Sie bei den Abteilungen anfragen, die Mitarbeiter mit diesen Skills haben.
- Wenn das Know-how, das Sie im Projekt brauchen, nicht im Unternehmen ist, können Sie entweder einen Berater hinzuziehen oder einen sogenannten Freelancer einkaufen, der ähnlich

wie ein Projektmitarbeiter eingesetzt wird, aber auf eigene Rechnung arbeitet.

Wenn Sie wissen, wo Sie die Menschen finden, die Sie brauchen, müssen Sie diese noch aus Ihrer Organisation loseisen. Und dies auf zwei Ebenen: Sie müssen die Mitarbeiter selbst für das Projekt gewinnen, denn dies ist die Voraussetzung dafür, dass sie motiviert im Projektteam mitarbeiten. Und Sie müssen diese von dem Linienvorgesetzen für das Projekt freigestellt bekommen.

Projektmitglieder gewinnen

Je wichtiger das Projekt für das Unternehmen ist, umso leichter werden Sie auch die Ressourcen bekommen, die Sie benötigen. Ein Linienmanager wird Ihnen auch eher einen Mitarbeiter für das Projekt zur Verfügung stellen, wenn Sie ihm zeigen, dass er von der Mitarbeit im Projekt einen Vorteil hat. Nur wenn Sie mit Ihrem Netz- und Zeitplan nachweisen können, dass Sie die Ressourcen wirklich brauchen, werden Sie die Argumente in der Hand haben, um die Linienvorgesetzen zu überzeugen. Bauen Sie eine gute Beziehung zum Linienmanager auf. Sie werden ihn auch während des Projekteinsatzes immer wieder brauchen, wenn sich Zeiten verschieben, der Einsatz verlängert werden muss oder es Probleme mit dem Mitarbeiter gibt.

Projekteinsatz verhandeln

Projektmitarbeiter führen und motivieren

Der Projektleiter führt das Projektteam. Seine Aufgaben sind dabei mit den Führungsaufgaben eines Linienvorgesetzten vergleichbar. Jedoch hat der Projektleiter in der Regel keine Personalverantwortung. Und das heißt, er kann Mitarbeiter weder einstellen noch entlassen, er kann sie bei einem Fehlverhalten nicht abmahnen oder direkt deren Leistung beurteilen.

Führung ist die Kunst, andere Menschen für die gesetzten Ziele zu begeistern und sie dazu zu bewegen, die Ziele zu erfüllen.

Führung im Projekt ist ohne Macht nicht möglich. Die Macht eines Projektleiters ist von seiner Stellung in der Organisation abhängig. Ihre Macht als Projektleiter beruht dabei auf folgenden Aspekten:

- **Expertise:** Ihre Macht im Projekt und gegenüber den Stakeholdern beruht auf Ihrer persönlichen Autorität und Erfahrung. Was Sie sagen zählt, weil man Ihnen vertraut und in der Vergangenheit immer darauf zählen konnte.
- **Informationshoheit:** Sie wissen mehr als die anderen. Dies macht Sie mächtig. Oder wie der Volksmund sagt: Wissen ist Macht.
- **Persönlichkeit:** Ein anderes Wort dafür ist auch Charisma. Sie strahlen etwas aus, dem andere nicht widerstehen können.
- **Position:** Diese Macht bekommen Sie verliehen. Ein Mächtiger in der Organisation gibt ihnen eine Stellung und Befugnisse, mit denen Sie Macht ausüben können.
- **Belohnungen:** Diese Macht können Sie nur ausüben, wenn Sie Mittel zum Belohnen haben: mehr Geld zahlen können, Vergünstigungen gewähren oder auch Einfluss auf Beförderungen haben.
- **Sanktionsmöglichkeiten:** Dieser Aspekt der Macht ist das Gegenteil von Belohnungsmacht und besteht darin, Druck ausüben zu können.
- **Beziehungen:** Im Volksmund wird diese Macht auch als Vitamin B bezeichnet. Sie entsteht aus den Verbindungen zu mächtigen Personen in der Organisation.

Von Laotse stammt der Satz: „Das ist der beste Führer, dessen Leute sagen, wenn er sie ans Ziel geführt hat: ‚Wir selbst haben den Erfolg zustande gebracht.'" Sie führen Ihre Projektmitarbeiter, damit diese die ihnen zugewiesen Aufgaben erledigen. Die Kunst besteht dabei darin, die Mitarbeiter so zu führen, dass sie motiviert und engagiert mit Ihnen gemeinsam das Projektziel verfolgen.

Aufträge erteilen und coachen

Die Mitarbeiter im Projekt müssen wissen, was sie zu tun haben. Ihre Aufgabe als Projektleiter ist es, dafür zu sorgen, dass die Projektmitarbeiter Arbeitsaufträge bekommen. Sie müssen jedem einzelnen Mitarbeiter seine Arbeiten zuweisen. Aber auch wenn Sie ihm gesagt haben, was er zu tun hat, kann er die Arbeit nicht immer ausführen. Sie müssen ihm helfen, Lösungswege zu finden und seine Arbeit optimal zu organisieren. Je besser Sie die Mitarbeiter bei ihrer Arbeit unterstützen, umso besser werden diese ihren Job machen.

Beobachten und kommunizieren

Einen Großteil der Kommunikation erledigen wir heute mit E-Mails. Dies hat den Vorteil, dass es schnell geht, jedoch den Nachteil, dass man sich hinter seiner Tastatur und seinem Bildschirm versteckt und den direkten Kontakt zu den Mitarbeitern verliert. Als Projektleiter müssen Sie merken, was im Projekt los ist. Dies geht nur, wenn Sie den direkten Kontakt mit den Projektmitarbeitern suchen, beobachten, was diese tun, und mit ihnen reden.

Feedback

“Feedback is food for champions.” Nur wenn die Mitarbeiter wissen, wo sie mit ihrer Arbeit stehen, können sie Dinge, die nicht so gut laufen, verändern. Geben Sie den Projektmitarbeitern Feedback zu Dingen, die gut laufen, damit bestärken Sie förderliches Verhalten. Aber geben Sie vor allem auch Feedback zu Dingen, die nicht so gut laufen. Damit helfen Sie nicht nur dem Mitarbeiter, besser zu werden, sondern sorgen auch dafür, dass die Arbeit für das Projekt besser wird.

Anerkennungs- und Belohnungssystem

Ein Element für die Motivation des Projektteams ist ein Anerkennungs- und Belohnungssystem. Bei einem solchen System fragen Sie nicht danach, was das Team motiviert, sondern danach, was jedes einzelne Teammitglied motiviert. Dies bekommen Sie nur heraus, wenn Sie jedes einzelne Teammitglied fragen, was es motiviert. Folgende Antworten können Sie darauf erhalten: „Ich möchte mehr über die neue Technologie lernen.“ „Ich möchte nicht nach 18:00 Uhr arbeiten, denn ich habe familiäre Verpflichtungen.“ „Ich möchte einen weiteren Karriereschritt machen.“ Mit diesem Wissen können Sie vermeiden, Mitarbeiter zu demotivieren, und erhalten Hinweise darauf, wie sie zu motivieren sind. Ein Anerkennungs- und Belohnungssystem ist aber mehr, als nur zu wissen, was jeder Einzelne tut. Es ist eine Liste all dessen, was Sie für die Motivation des Projektteams tun können.

☑

So motivieren Sie Mitarbeiter:

- ☐ Sagen Sie „Danke“, wenn ein Teammitglied eine Arbeit ausgeführt hat.
- ☐ Belohnen Sie gute Leistungen.
- ☐ Sprechen Sie Empfehlungen für die Leistungsbeurteilung durch den Linienmanager aus.
- ☐ Informieren Sie die Linienmanager über gute Leistungen eines Teammitglieds.
- ☐ Sorgen Sie für die Finanzierung der Qualifizierung der Teammitglieder aus dem Projektbudget.
- ☐ Versuchen Sie, dass jedes Teammitglied die Arbeiten macht, die es gerne tut.

Problemprotokoll

Je größer das Projekt, desto mehr Arbeitsaufträge werden Sie erteilen. Und nicht nur solche, die im Projektplan verzeichnet sind. Viele Dinge werden erst während der Arbeit erkannt und müssen nicht in den Projektplan aufgenommen werden. Zum Beispiel, wenn für die Durchführung einer Aktivität eine Abstimmung mit einem Experten notwendig ist. Das Instrument, das Sie hier unterstützt, ist das Problemprotokoll, auch „Offene-Punkte-Liste“ oder „Aktivitätenliste“ genannt. Es ist eine Tabelle, in der alle Aktivitäten verzeichnet sind, die ausgeführt werden müssen. Abbildung 31 zeigt ein Beispiel für einen solches Problemprotokoll. Darin tragen

Problemprotokoll

Problem Nr.	Problem	Datum	Eintrag von	Verantwortlich	Erledigungsdatum (Soll)	Status	Erledigungsdatum (Ist)	Lösung

Abbildung 31: Das Problemprotokoll hilft die Aufträge im Projekt zu steuern.

Sie ein: die Aktivität, wer diese Aktivität ausgelöst hat, wer sie löst und bis wann dies geschehen sein muss. Sie verzeichnen fortlaufend den Status der Bearbeitung. Neben dem Projektplan ist das Problemprotokoll ein weiteres Instrument, mit dem Sie sich einen Überblick über den Stand des Projekts verschaffen können.

Konflikte bewältigen

Konflikte entstehen, wenn die Einsatzmittel knapp sind, Termine priorisiert werden müssen oder Unterschiede im persönlichen Arbeitsstil der Projektmitglieder bestehen. Teamregeln und eine transparente Kommunikation können die Reibungsflächen reduzieren, aber nie ganz aus dem Weg räumen. Bei Konflikten sind zunächst die Teammitglieder, zwischen denen der Konflikt besteht, dafür verantwortlich, dass dieser aus dem Weg geräumt wird. Schaffen diese es nicht allein, eine Lösung zu finden, dann sind Sie als Projektleiter gefragt. Sie sollten hier zwischen den Konfliktparteien vermitteln. Erst wenn in einem persönlichen Gespräch zwischen den Konfliktparteien keine Lösung gefunden wird, dann sollten die in der Organisation üblichen formalen Verfahren wie Disziplinarmaßnahmen eingesetzt werden.

☑

Ihre Aufgabe als Projektleiter:

- ☐ Sie ermitteln, welche Kompetenzen und Skills im Projekt gebraucht werden.
- ☐ Sie finden heraus, welche Mitarbeiter Sie im Projekt brauchen.
- ☐ Mit den Linienmanagern verhandeln Sie den Einsatz der Projektmitarbeiter.
- ☐ Sie entwickeln eine Organisationsstruktur für das Projekt, in der die Informationsflüsse und Führungsbeziehungen festgelegt sind.
- ☐ Sie formen ein Team.
- ☐ Sie führen die Projektmitarbeiter, indem Sie Aufgaben verteilen, deren Erledigung überwachen und helfen, wenn die Projektmitarbeiter Probleme haben.
- ☐ Mit einem Anerkennungs- und Belohnungssystem legen Sie Maßnahmen fest, um die Projektmitarbeiter zu motivieren.

- ☐ Sie steuern die Aufgabenerledigung mit dem Projektplan und einem Problemprotokoll.
- ☐ Sie helfen den Teammitgliedern ihre Konflikte zu lösen.

9. Kommunikationsmanagement: informieren, informieren, informieren

Wie viel Prozent seiner Zeit wendet ein Projektleiter für die Kommunikation im Projekt auf? Die Antwort von Rita Mulclay, einer der bekanntesten Projektmanagementtrainerinnen, ist: 90 Prozent. Der Mangel an Kommunikation steht auf der Liste der häufigsten Probleme in Projekten ganz oben, obwohl der Projektleiter den größten Teil seiner Zeit mit Kommunikation verbringt. Er ist in Meetings mit Mitarbeitern, bei Präsentationen, in Verhandlungen und in Gesprächen mit den Stakeholdern. Über Kommunikation motiviert er sich und andere, baut konstruktive Beziehungen auf, tauscht Informationen aus und löst Probleme. Kommunikationsfähigkeit und die Kunst des Zuhörens sind das A und O für das Kommunikationsmanagement in Projekten.

Mit dem Kommunikationsmanagement in Projekten werden Projektinformationen rechtzeitig und sachgerecht zusammengetragen, gesammelt, verteilt, gespeichert und abgerufen.

In diesem Kapitel erhalten Sie Antworten auf die folgenden Fragen:

- Wie plane ich die Kommunikation im Projekt?
- Wie beziehe ich die Stakeholder in die Kommunikation ein?
- Wie erkenne ich Kommunikationsstörungen im Projekt und wie vermeide ich diese?
- Wie werden Informationen im Projekt verteilt?
- Wie organisiere ich das Berichtswesen?

Was ist zu tun?

Die Aufgabe des Kommunikationsmanagements ist im Prinzip ganz einfach. Sie müssen dafür sorgen, dass jeder die Informationen bekommt, die er für seine Arbeit benötigt, und im Gegenzug jeden immer im Projekt informieren. Dies ist leichter gesagt, als getan. Und auch hier spielt die Größe des Projekts eine Rolle. Ein Projekt aus vier Leuten hat sechs Kommunikationskanäle. Kommt nur ein neues Teammitglied dazu, entstehen gleich vier weitere Kommunikationskanäle. Dies zeigt Abbildung 32 Je größer das Projekt ist, desto schneller steigt die Zahl der Kommunikationskanäle. Bei einem Projekt mit 50 Stakeholdern sind es bereits 1275 und bei 100 sind es 4950 Kommunikationskanäle.

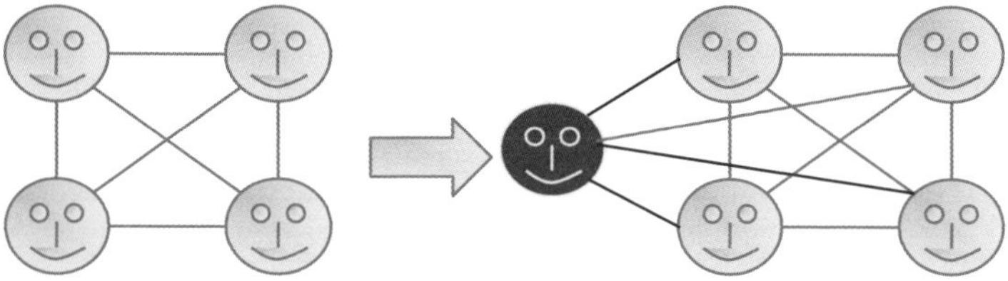

Abbildung 32: Mit jedem neuen Projektmitglied erhöht sich die Anzahl der Kommunikationskanäle.

Tätigkeiten im Kommunikationsmanagement

Im Kommunikationsmanagement führen Sie folgende Tätigkeiten durch:

- Sie legen fest, wie die Informationsflüsse zwischen den Stakeholdern laufen.
- Sie stellen die Informationen bereit, die Sie im Kommunikationsplan festgelegt haben.
- Sie planen die Kommunikation mit den Stakeholdern, um deren Anforderungen erfüllen zu können und Probleme zwischen dem Projekt und den Stakeholdern zu lösen.
- Sie sammeln und verteilen Informationen über den Fortschritt im Projekt.

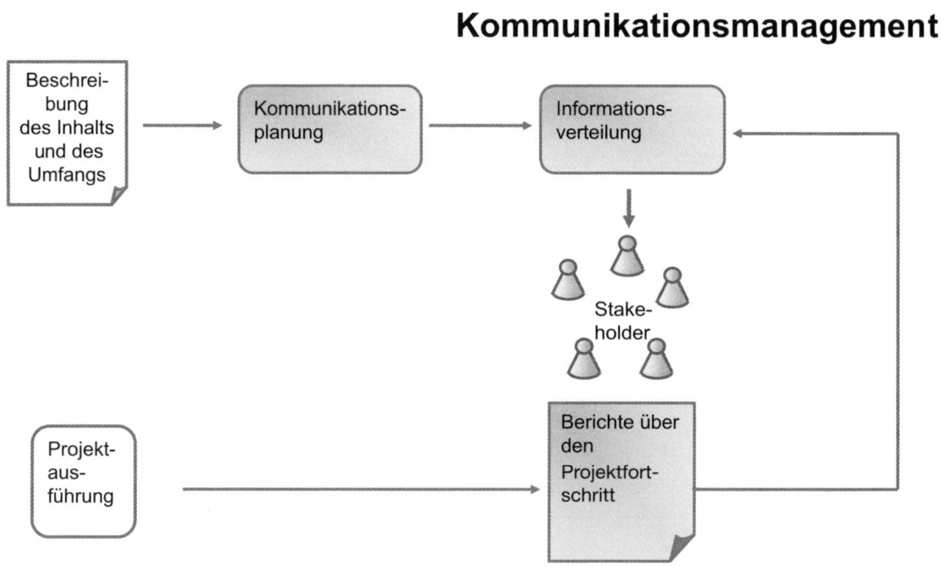

Abbildung 33: Das Kommunikationsmanagement sorgt dafür, dass jeder informiert ist.

Kommunikationsplanung

Einfluss von Stakeholdern

Stellen Sie sich vor, Ihr Projekt steht kurz vor dem Ende und Sie präsentieren das Ergebnis vor dem Lenkungsausschuss. Schon kurz nachdem Sie begonnen haben, stellt einer der Teilnehmer, den Sie vorher noch nie gesehen haben, Fragen. Je mehr Sie vom Projekt vorstellen, umso kritischer werden die Fragen. Am Ende kippt die Stimmung im Lenkungsausschuss. War bisher alles im grünen Bereich, so ist jetzt schlagartig das Projekt gefährdet. Es ist nicht selten, dass wichtige Stakeholder sich nicht um ein Projekt kümmern, aber dann, wenn sie am Ende des Projekts plötzlich merken, dass das Projekt nicht ihren Erwartungen entspricht, beginnen zu protestieren.

Die wichtigsten Stakeholder haben Sie bereits bei der Projektinitiierung identifiziert, aber auch während des Projektverlaufs kommen immer neue dazu. Als Projektleiter sollten Sie immer auf der Suche nach Stakeholdern sein. Aber nicht nur das, sondern Sie sollten auch deren Interessen herausfinden und sie möglichst gut in das Projekt einbinden. Das Stakeholdermanagement ist eine der wichtigsten Aufgaben, die Sie als Projektleiter haben.

☑

So beziehen Sie die Stakeholder ein:

- ☐ Identifizieren Sie alle Stakeholder mit Namen und Funktion.
- ☐ Ermitteln Sie deren Anforderungen und Interessen.
- ☐ Finden Sie heraus, was das Projekt für die Stakeholder bedeutet und welchen Einfluss sie auf das Projekt haben.
- ☐ Legen Sie fest, wie die Stakeholder in das Projekt einbezogen werden.
- ☐ Stellen Sie sicher, dass die Stakeholder die Anforderungen an das Projekt tragen.
- ☐ Analysieren Sie das Wissen der Stakeholder in Bezug auf das Projekt.
- ☐ Berücksichtigen Sie die Anforderungen der Stakeholder.
- ☐ Beteiligen Sie die Stakeholder aktiv am Projekt. Dies kann die Mitarbeit im Projekt sein oder eine Rolle als Experte im Projekt.
- ☐ Beteiligen Sie Stakeholder am Änderungsprozess im Projekt.
- ☐ Bauen Sie mit den Stakeholdern ein gemeinsames Verständnis vom Projekt auf.
- ☐ Lassen Sie die Stakeholder das Projektergebnis mit abnehmen.

Stakeholderanalyse

Eine Grundlage für effektives Stakeholdermanagement ist, dass Sie wissen, in welcher Weise die einzelnen Stakeholder das Projekt beeinflussen. Mit der Stakeholderanalyse finden Sie heraus, wie und in welcher Weise jeder Stakeholder wichtig für das Projekt ist. Eine Methode dazu ist die Einfluss-Interessensmatrix. Ein Beispiel für eine solche Matrix ist in Abbildung 34 (siehe nächste Seite) wiedergeben.

Stakeholdermanagement bedeutet, so zu kommunizieren, dass die Bedürfnisse der Stakeholder erfüllt und Probleme zwischen Stakeholdern und Projekt gemeinsam gelöst werden.

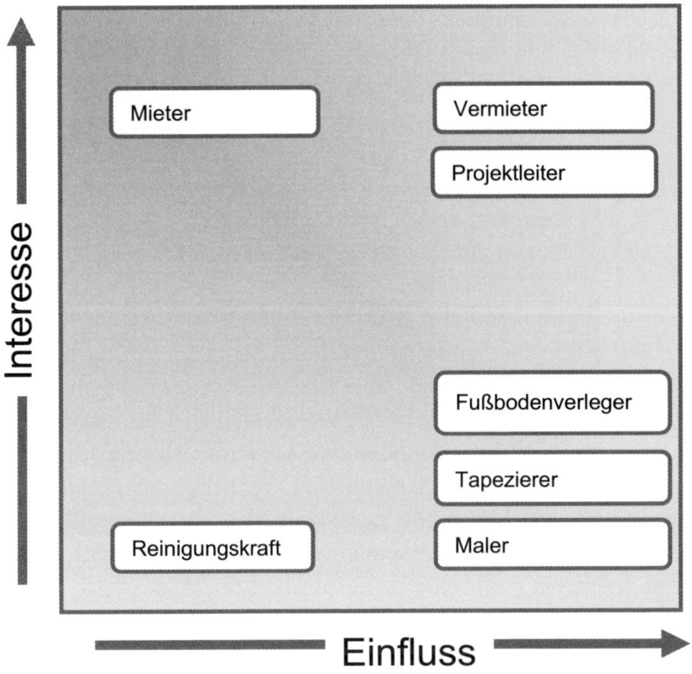

Abbildung 34: Die Einfluss-Interessensmatrix zeigt, welche Stakeholder wichtig sind.

Stakeholder-verzeichnis

Je mehr Stakeholder ein Projekt hat, desto schwerer fällt es, den Überblick zu behalten. Gleichzeitig benötigen Sie aber immer die wichtigsten Informationen über einen Stakeholder, wenn Sie ein Thema mit ihm besprechen wollen oder er Anfragen an Sie stellt. Das Stakeholderverzeichnis ist ein Verzeichnis, in dem alle wichtigen Informationen über den Stakeholder verzeichnet sind. Es ist das wichtigste Instrument, um sich in einem Gespräch mit einem Stakeholder schnell über dessen Rolle und dessen Interessen zu informieren.

☑ **Diese Informationen dokumentieren Sie über Stakeholder:**

- ☐ Namen, Funktion und Organisationseinheit des Stakeholders
- ☐ Kontaktinformationen
- ☐ Rolle und Verantwortung im Projekt
- ☐ Erwartungen und Anforderungen des Stakeholders
- ☐ Einfluss auf das Projekt und dessen Ergebnis
- ☐ Einstellung gegenüber dem Projekt

Stakeholder aktiv betreuen

Stakeholder müssen aktiv betreut werden. Warten Sie nicht ab, bis sie sich mit ihren Problemen bei Ihnen melden. Damit verringern Sie die Wahrscheinlichkeit, dass das Projekt aufgrund ungelöster Probleme aus dem Ruder läuft. Es verbessert die Zusammenarbeit der Stakeholder untereinander und begrenzt Störungen im Projektverlauf. Nutzen Sie persönliche Gespräche, um Probleme zu besprechen. So haben Sie die Möglichkeit, auch Zwischentöne wahrzunehmen. Telefongespräche oder E-Mails sind dann ein Ersatz, wenn ein persönliches Gespräch nicht möglich ist, weil es schnell gehen muss oder der Stakeholder an einem anderen Ort ist.

Kommunikationsplanung

Die Kunst der Kommunikationsplanung besteht darin, die Kommunikation so zu begrenzen, dass jeder die Informationen erhält, die er benötigt – aber auch nur diese.

Ein Beispiel für einen Kommunikationsplan ist in Abbildung 35 (siehe nächste Seite) wiedergegeben.

☑ **So gehen Sie bei der Kommunikationsplanung vor:**

- ☐ Ermitteln Sie die Kommunikationsanforderungen der Stakeholder.
- ☐ Legen Sie fest, wer welche Informationen bekommt und wer welche Informationen liefern muss.
- ☐ Bestimmen Sie die Kommunikationsmedien im Projekt und legen Sie fest, welche Informationen über welches Medium übermittelt werden. Je weniger Medien Sie nutzen, umso übersichtlicher wird die Kommunikation.

- ☐ Legen Sie fest, wie oft und wann welche Informationen ausgetauscht werden.
- ☐ Bestimmen Sie, wer für welche Informationen verantwortlich ist.

Kommunikationsplan				
Stakeholder	**Information**	**Häufigkeit**	**Medium**	**Verantwortlich**
Projektleiter	Arbeitsstatus	Täglich	Anruf	Handwerker
Vermieter	Planung, Arbeitsstatus	Beginn, Ende, bei Bedarf	E-Mail	Projektleiter
Mieter	Arbeitsstatus	Ende	E-Mail	Projektleiter
Maler	Planung, Arbeitsstatus	Planung, bei Verzögerungen	E-Mail	Projektleiter
Tapezierer	Planung, Arbeitsstatus	Planung, bei Verzögerungen	E-Mail	Projektleiter
Fußbodenverleger	Planung, Arbeitsstatus	Planung, bei Verzögerungen	E-Mail	Projektleiter
Reinigungskraft	Planung, Arbeitsstatus	Planung, bei Verzögerungen	Anruf	Projektleiter

Abbildung 35: Der Kommunikationsplan zeigt, wer wann und wie welche Informationen bekommt.

Tipp:
Legen Sie ein Glossar der Begriffe und Abkürzungen an. Damit vermeiden Sie Missverständnisse, wenn Begriffe in Ihrem Projekt anders verwendet werden, als dies üblich ist, oder Begriffe für die meisten Stakeholder neu sind.

Kommunikationsstörungen und wie man sie vermeidet

Kommunikationsmodelle

Kommunikation findet zwischen zwei oder mehreren Menschen statt. Um zu beschreiben, was dabei passiert, wurden Kommunikationsmodelle entwickelt. Die meisten davon gehen von einem Sender-Empfänger-Modell aus. Ein Sender sendet dabei eine Nachricht, die über einen Kommunikationskanal übertragen wird. Dabei wird die Information durch den Sender codiert und vom Empfänger wieder decodiert. Die Information wird dabei in der Regel durch Wörter und Sätze der gesprochenen und der schriftlichen Sprache übermittelt.

Kommunikationsstörungen

Kommunikationsstörungen entstehen, wenn Codierung und Decodierung nicht übereinstimmen. Ein ganz einfaches Beispiel sind ähnliche Wörter in verschiedenen Sprachen, die aber eine unterschiedliche Bedeutung haben. Datum bedeutet im Deutschen eine Angabe über einen Termin und im Englischen bedeutet Date eine Verabredung zwischen zwei Verliebten. Eine andere Störung entsteht durch den Kommunikationskanal: Bei der mündlichen Kommunikation verhindern Störgeräusche, dass Nachrichten verstanden werden.

Neben der zu lauten Umgebung gibt es in der mündlichen Kommunikation noch die folgenden typischen Kommunikationsstörungen:

- Die Nachricht wird vom Empfänger nur oberflächlich decodiert.
- Negative Äußerungen, die den Empfänger emotional aufregen.
- Konflikte zwischen den Kommunikationspartnern.
- Unterschiedliche Sprachen. Dies müssen nicht nur unterschiedliche Landessprachen sein. Auch unterschiedliche Fachsprachen führen zu Kommunikationsstörungen.
- Unterschiedliche Kulturen, die einen Sachverhalt unterschiedlich bewerten.

Ihre Aufgabe als Projektleiter ist es, solche Störungen möglichst zu verhindern. Dazu haben Sie eine ganze Palette von Möglichkeiten.

Störungen vermeiden

So vermeiden Sie Kommunikationsstörungen:

- ☐ Wählen Sie den richtigen Kommunikationskanal.
- ☐ Sorgen Sie dafür, dass alle an der Kommunikation Beteiligten eine Sprache sprechen, die von jedem verstanden wird.
- ☐ Sprechen Sie Missverständnisse sofort an, wenn sie Ihnen auffallen.
- ☐ Geben Sie ihren Kommunikationspartnern ein Feedback, d. h., wiederholen Sie das, was Sie verstanden haben.
- ☐ Bestätigen Sie den Erhalt wichtiger Briefe und E-Mails und lassen Sie sich den Erhalt Ihrer Briefe und E-Mails bestätigen.

Der Projektleiter plant, wie die Kommunikation im Projekt erfolgt. Er ist aber nicht dafür verantwortlich, dass über die von ihm festgelegten Kanäle immer die richtigen Informationen fließen. Dafür sind die Kommunikationspartner selbst verantwortlich.

Verantwortung

Tipp:
Holen Sie sich ein Feedback ein: Immer dann, wenn Sie sich nicht sicher sind, dass ihre Informationen richtig verstanden wurden oder Sie sich unsicher sind, ob Sie die Informationen richtig verstanden haben, fragen Sie bei Ihrem Kommunikationspartner nach.

Informationen richtig verteilen

Fragt man Stakeholder, hat man den Eindruck, dass diese nie die Informationen bekommen, die sie brauchen. Die einen fühlen sich „überinformiert“ und von der Informationsflut erdrückt. Andere möchten besser informiert sein. Der Grund dafür ist, dass jeder ein anderes Informationsbedürfnis hat und jeder bei der Informationsaufnahme anders vorgeht. Während die einen spielend 200 E-Mails am Tag bearbeiten können, sind andere schon mit 50 E-Mails über-

Missverständnisse vermeiden

lastet. Stakeholder sind zwar selbst dafür verantwortlich, dass sie die Informationen bekommen, die sie brauchen; aber in erster Linie ist es in Ihrem Interesse als Projektleiter, dass die Stakeholder gut informiert sind. Denn jedes Missverständnis, das eine ungenügende Information auslöst, müssen Sie oft sehr aufwendig wieder aus dem Weg räumen.

Erwartungen der Stakeholder managen

Stakeholder möchten, dass alle ihre Erwartungen an das Projekt erfüllt werden. Dies ist jedoch nicht möglich. Ihnen muss es also in der Kommunikation mit den Stakeholdern gelingen, dass diese ein realistisches Bild darüber entwickeln, welche ihrer Erwartungen erfüllt werden können und welche nicht. Gelingt ein solches Einverständnis nicht, sind die Stakeholder enttäuscht und verweigern im schlimmsten Fall die Abnahme des Ergebnisses.

Informationsverteilung

Es gibt drei ganz unterschiedliche Formen der Informationsverteilung:

- **Push Information:** Der Sender versendet die Information an die Empfänger. Er erwartet jedoch vom Empfänger kein Feedback über den Erhalt der Information. Typische Formen sind: Status Reports, E-Mails mit Informationen und Memos.
- **Pull Information:** Diese ist das Gegenteil der Push Information. Die Informationen werden an einem zentralen Ort abgelegt und die Empfänger holen sich die Informationen nach ihren Bedürfnissen. Typische Systeme für Pull Informationen sind Ablagesysteme für Dokumente wie zum Beispiel ein gemeinsames Laufwerk.
- **Interaktive Informationsweitergabe zwischen zwei oder mehreren Personen:** Hier findet der Austausch der Informationen direkt statt. Eine Partei gibt Informationen an eine andere Partei weiter, die diese beantwortet oder um weitere Informationen ergänzt: Typische Formen sind Meetings oder Telefonkonferenzen.

Kommunikationskanäle richtig wählen

Wie gut Sie mit Ihren Stakeholdern kommunizieren, hängt auch von den Kommunikationskanälen ab. Viele Informationen können Sie per Mail übermitteln, bei anderen ist jedoch ein Telefongespräch besser, und wieder andere sollten mit einem Fax oder Brief übermittelt werden. Welches Medium Sie einsetzen, hängt von den folgenden Faktoren ab:

- **Dringlichkeit:** Muss ein Stakeholder jederzeit die aktuellen Informationen haben oder reichen regelmäßige Berichte aus?
- **Verfügbarkeit von Systemen:** Können die Systeme des Unternehmens genutzt werden oder sind besondere Kommunikationssysteme für das Projekt erforderlich?
- **Kommunikationsverhalten des Projektteams:** Können die Projektmitarbeiter mit den Kommunikationssystemen umgehen oder müssen sie erst darin geschult werden?
- **Projektumgebung:** Arbeitet das Team an einem Ort zusammen oder sind die Teammitglieder und Stakeholder über mehrere Orte vielleicht sogar mehrere Länder verteilt?

Kommunikationsmethoden

Für Projekte kann eine fast unübersehbare Anzahl von Kommunikationsmöglichkeiten genutzt werden. Hierzu zählen einmal alle Kommunikationsformen, in denen Menschen direkt in persönlichem Kontakt miteinander reden: Gespräche, Projektmeetings oder Präsentationen. Dann gibt es die traditionellen Formen, bei denen Dokumente ausgetauscht werden. Und last but not least gibt es die elektronischen Medien: Telefongespräche, Telefonkonferenzen, E-Mail, Video- und Webkonferenzen und Projektdatenbanken.

Kommunikationsformen

Es kommt nicht nur darauf an, was Sie sagen, sondern auch darauf, wie Sie es sagen.

Beispiel Fehlkommunikation

Ein Projektleiter sagt in einem Gespräch mit seinem Auftraggeber beiläufig, dass sich der Endtermin des Projekts verzögern wird. Als es dann so weit ist, ist er erstaunt, dass sich sein Auftraggeber von der Terminverschiebung völlig überrascht zeigt. Er hatte es doch angekündigt! Schließlich muss er feststellen, dass seine Ankündigung im Gespräch untergegangen ist oder der Auftraggeber diese unangenehme Nachricht einfach ausgeblendet hatte.

Eine solche wichtige Nachricht muss in einer formellen Form übermittelt werden: In einem Statusbericht oder in einer als wichtig gekennzeichneten E-Mail. Es gibt vier typische Kommunikationsformen, mit denen Sie die Bedeutung einer Nachricht bestimmen können.

- **Formelle geschriebene Kommunikation:** E-Mails, Memos oder Briefe. Sie haben einen formellen Status, da sie aufbewahrt werden und als Nachweis für die dort benannten Sachverhalte dienen. Sie setzen sie in folgenden Situationen ein: Bei komplexen Problemen in der Kommunikation des Projektauftrags und in Projektmanagementplänen sowie bei der Kommunikation über lange Entfernungen.
- **Formelle gesprochene Kommunikation:** Präsentationen. Diese haben einen formellen Rahmen und in der Regel wird über die Diskussion und die Ergebnisse ein Protokoll oder Memo erstellt. Sie werden eingesetzt, wenn aufgrund der dargestellten Sachverhalte Entscheidungen getroffen werden oder Änderungen im Projekt erforderlich sind, aber auch, um den Status des Projekts darzustellen.
- **Informelle schriftliche Kommunikation:** Kollegiale E-Mails und handschriftliche Notizen. Sie dienen nur der eigenen Erinnerung und haben keinen bindenden Charakter. Sie werden immer dann genutzt, wenn keine formelle Kommunikation erforderlich ist, aber der Inhalt festgehalten werden muss.
- **Informelle mündliche Kommunikation:** Sie nimmt im Projekt den größten Raum ein. Meetings und Gespräche sind ein Beispiel dafür. Sie sind notwendig, um Sachverhalte abzuwägen, Probleme zu lösen und Entscheidungen vorzubereiten.

Tipp:
Formalisieren Sie informelle Kommunikationsformen, wenn das Ergebnis eines Gesprächs oder Meetings Auswirkungen auf das Projekt hat. Mit einem Protokoll halten Sie die Ergebnisse fest und senden dies dann Ihrem Gesprächspartner oder den Teilnehmern des Meetings.

Kommunikationsstörungen werden von Anfang an vermieden, wenn für den Sachverhalt die richtige Kommunikationsform gewählt wird. Die Kommunikationsform muss immer dem Thema angemessen sein. Eine informelle Kommunikation bei einem Gespräch über mangelnde Arbeitsqualität bei einem Projektmitarbeiter ist genauso verfehlt wie eine formelle E-Mail, um ein Randproblem darzustellen.

Richtige Kommunikationsform wählen

Jetzt sind Sie an der Reihe:

Im Folgenden finden Sie typische Kommunikationssituationen im Projekt. Welche Kommunikationsform würden Sie hier wählen und warum?

Übung

- Änderungsanforderung, um Inhalt und Umgang des Projekts zu verändern.
- Eine Präsentation vor dem Vorstand des Kunden.
- Lösen eines Problems bei der Erstellung eines Arbeitspakets.
- Notizen zu einem Telefongespräch mit einem Stakeholder, bei dem seine Informationswünsche erfragt werden.
- Einladung zu einem Projektstatus-Meeting.
- Auftragsklärung bezüglich eines Arbeitspakets.
- Feiern des Projektabschlusses.

Antworten

Formelle schriftliche Kommunikation ist bei den folgenden Kommunikationsinhalten notwendig: Änderungsanforderung für den Inhalt und Umfang des Projekts. Der Änderungsantrag kann Termin, Kosten und Qualität des Projekts verändern, aber auch unabdingbar notwendig sein, um das Projektziel zu erfüllen. Die Änderungsanforderung muss bis zum Projektende nachvollziehbar sein.

Formelle schriftliche Kommunikation

Formelle mündliche Kommunikation ist notwendig, wenn Sie Projektinhalte beim Kunden vorstellen. Mit der Präsentation werden verbindliche Aussagen über das Projekt getroffen, welche die Leistungen für den Kunden betreffen. In machen Fällen können diese sogar rechtlich verbindlich sein.

Formelle mündliche Kommunikation

Informelle schriftliche Kommunikation Informelle schriftliche Kommunikation liegt vor, wenn Sie sich Notizen bei einem Telefongespräch machen. Denn diese sind nur eine Gedächtnisstütze.

Informelle mündliche Kommunikation Die Einladung zu einem Projektstatus-Meeting, die Auftragsklärung bezüglich eines Arbeitspakets und das Feiern des Projektabschlusses sind eine informelle mündliche Kommunikation.

Berichte zeigen den Fortschritt des Projekts

Eine typische Arbeit des Projektleiters, üblicherweise freitags zu erledigen: Er sichtet und verdichtet Statusberichte, die er von seinen Arbeitspaket-Verantwortlichen zugesandt bekommen hat; dann schickt er sie seinem Auftraggeber. Mit diesem einfachen, aber wirksamen Verfahren überwacht er den Status des Projekts und hält seinen Auftraggeber auf dem Laufenden.

Projektfortschrittsberichte Projektfortschrittsberichte wurden entwickelt, um Informationen über den Status des Projekts zusammenzutragen, zu analysieren, zu bewerten und für die Zielgruppen aufzubereiten. Sie stellen immer den Fortschritt des Projekts gegenüber den Basisplänen dar. Dabei ist nicht nur der Zeitplan wichtig. Auch der Verlauf der Kosten, die Veränderungen des Inhalts und des Umfangs und die Qualität des Ergebnisses müssen berichtet werden. Dies sollte so gestaltet sein, dass die Informationen die für die entsprechende Zielgruppe richtige Balance zwischen einer allgemeinen Darstellung und Detailinformationen aufweisen. Damit der Report den Empfänger auch wirklich erreicht, muss er auf dem richtigen Kommunikationskanal übermittelt werden. Prinzipiell sind Projektfortschrittsberichte Informationen aus der Vergangenheit des Projekts. Ihr Ziel ist jedoch, den Stakeholdern eine Vorschau über die Entwicklung des Projekts in der Zukunft zu ermöglichen.

Fortschrittsberichte fassen Informationen über den Projektverlauf zusammen und geben eine Prognose über den weiteren Verlauf des Projekts.

Berichtsarten

Es gibt nicht „den" Projektfortschrittsbericht, sondern mehrere Teilberichte, die für die unterschiedlichen Zielgruppen im Projekt wichtig sind:

- **Statusbericht:** Dieser Bericht beschreibt den Projektfortschritt gemessen an den Basisplänen.
- **Fortschrittsbericht:** Er beschreibt, was bisher im Projekt erreicht wurde.
- **Trendbericht:** Dieser Bericht beschreibt auf Grundlage der Analyse der bisherigen Entwicklung im Projekt, wie sich der Projektfortschritt entwickeln wird. Der bekannteste Trendbericht ist die Meilenstein-Trendanalyse, die Sie schon in Kapitel 5 als Run-Chart kennengelernt haben.
- **Prognosen:** Prognosen beschreiben, wie sich das Projekt in der Zukunft entwickeln wird.
- **Earned Value Report:** Diesen Report haben Sie schon im Kapitel über Kostenmanagement kennengelernt. Er beschreibt den Status des Projekts.

☑

Ihre Aufgabe als Projektleiter:

- ☐ Ermitteln Sie die Erwartungen und Kommunikationsgewohnheiten der Stakeholder und dokumentieren Sie diese im Stakeholderverzeichnis.
- ☐ Halten Sie das Stakeholderverzeichnis und den Kommunikationsplan aktuell. Nur so stellen Sie sicher, dass Sie alle mit Ihren Informationen erreichen.
- ☐ Legen Sie im Kommunikationsplan fest, wer welche Projektberichte wann und auf welche Weise bekommt.
- ☐ Bauen Sie eine Dokumentationsstruktur für alle Informationen und Berichte im Projekt auf.
- ☐ Legen Sie fest, mit welchem Tool die Kommunikation erfolgen soll, und welche Meetings wann und mit wem durchgeführt werden.

- ☐ Verteilen Sie die Informationen nach Ihrem Kommunikationsplan. Stellen Sie dabei sicher, dass jeder immer die aktuelle Version der Dokumente hat, die er für seine Aufgabe im Projekt benötigt.
- ☐ Gehen Sie pro-aktiv auf die Erwartungen der Stakeholder ein und bauen Sie Vertrauen zwischen sich und den Stakeholdern auf.
- ☐ Fragen Sie die einzelnen Zielgruppen, ob sie alle notwendigen Informationen bekommen und wie Sie die Kommunikationsverteilung verbessern können.
- ☐ Achten Sie auf Kommunikationshindernisse und beseitigen Sie diese.

10. Risikomanagement: Schäden vermeiden und Chancen nutzen

Lassen sich Risiken im Projekt vermeiden? Diese Frage muss leider mit „Nein“ beantwortet werden. Vermeiden lässt sich aber, dass durch Risiken Probleme im Projekt entstehen. Viele Projekte leiden daran, dass man sich über Risiken im Vorfeld keine Gedanken gemacht hat und es dann im Projekt ein Problem nach dem anderen gibt. Der Projektleiter rennt dann ständig den Problemen hinterher, anstatt die Arbeiten zu kontrollieren, Mitarbeiter zu unterstützen und Stakeholder zu informieren. Dies führt zu weiteren Risiken. Und diese führen wieder zu Problemen. Ein Kreislauf ohne Ende. Risikomanagement im Projekt sorgt dafür, dass ein solcher Kreislauf erst gar nicht entsteht.

Im Risikomanagement werden Risiken identifiziert, analysiert und festgelegt, wie auf Risiken reagiert werden soll.

In diesem Kapitel erhalten Sie Antworten auf die folgenden Fragen:

- Was ist ein Risiko?
- Wie erkenne ich die Risiken im Projekt?
- Wie kann ich die Kosten der Auswirkungen von Risiken ermitteln?
- Was tue ich, wenn durch Risiken Probleme im Projekt entstehen?

Was ist zu tun?

Risikomanagement im Projekt beginnt schon, bevor mögliche Risiken überhaupt bekannt sind. Bereits im Projektmanagementplan beschreiben Sie, wie Risiken ermittelt, beschrieben und bewertet werden. Sie legen auch fest, wie Sie mit Risiken umgehen und wie Sie kontrollieren, ob Ihre Strategie erfolgreich war. Diese Aktivitäten führen nicht dazu, dass Risiken aus dem Projekt verschwinden, helfen aber, auf Risiken zu reagieren, wenn diese eintreten.

Risikomanagement angemessen betreiben

In den meisten Unternehmen gibt es dafür Standards für Risikomanagement. Diese werden individuell angepasst und im Projekt angewendet. Da sich aber Projekte von den normalen Aufgaben der Linie unterscheiden, müssen ihre Besonderheiten berücksichtigt werden. Insbesondere dann, wenn das Risikomanagement umfangreicher sein muss als in der Linie. Wie umfangreich und aufwendig Sie in Ihrem Projekt Risikomanagement betreiben müssen, hängt von der Größe und vom Typ des Projekts ab. Bei der Renovierung einer Wohnung sind die Risiken überschaubar und die Auswirkungen richten meist auch keinen großen Schaden an. Bei Projekten wie der Mondlandung sieht dies schon anders aus. Es gibt eine unüberschaubare Anzahl von Risiken und die Auswirkungen können nicht wieder auszugleichen sein.

Prozesse des Risikomanagements

Im Risikomanagement führen Sie folgende Tätigkeiten durch:

- Sie entscheiden, wie Risikomanagement im Projekt durchgeführt wird.
- Sie stellen fest, welche Risiken es im Projekt gibt.
- Sie priorisieren die Risiken für eine weitergehende Analyse.
- Sie quantifizieren die Auswirkungen der Risiken auf die Projektziele.
- Sie entwickeln Optionen und Maßnahmen, um die Auswirkungen der Risiken zu minimieren und die Chancen für das Projekt zu erhöhen.
- Sie verfolgen identifizierte Risiken und überwachen, wie eingetretene Risiken bewältigt werden.

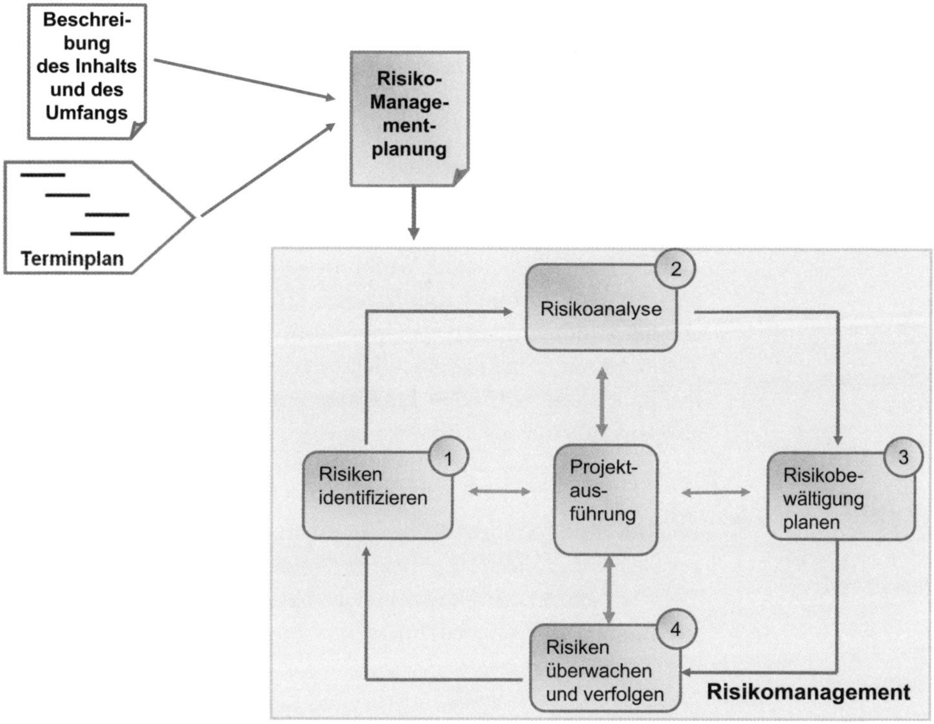

Abbildung 36: Risikomanagement sorgt dafür, dass Auswirkungen von Risiken minimiert werden.

Ein Risiko – Was ist das eigentlich?

Beispiel: Risiko bei der Wohnungsrenovierung

Die Renovierung der Wohnung kann beginnen. Es ist November und ein sehr trüber Tag. Die Maler und Tapezierer schließen die Wohnung auf und wollen das Licht einschalten. Aber nichts tut sich. Alle Sicherungen sind eingeschaltet, aber es gibt keinen Strom. Nach mehreren Telefonaten stellt sich heraus, dass der Vormieter eine Energierechnung nicht bezahlt und der Stromlieferant nach mehreren Mahnungen den Strom abgestellt hat. Selbst wenn alle bürokratischen Vorgänge sehr schnell gehen, dauert es mindestens zwei Tage, bis der Strom wieder eingeschaltet ist. Ohne Licht ist es aber so gut wie unmöglich, die Wohnung zu renovieren, denn das Tageslicht reicht dafür im November nicht aus. Das Risiko der Stromsperre ist zu einem Problem geworden, denn in der verbleibenden Zeit können nicht mehr alle Zimmer bis zum Umzug gestrichen werden.

„Gutes" Risiko

Das Risiko der Stromsperre ist ein „schlechtes" Risiko, denn es hat negative Auswirkungen auf das Projektziel. Aber es gibt auch „gute" Risiken, beispielsweise, wenn der Nachbar in der oberen Etage erfährt, dass Sie die Wohnung renovieren, und Sie fragt, ob Sie sein Wohnzimmer ebenfalls neu streichen könnten. Eine solche Situation wird auch als Opportunity oder Chance bezeichnet. Während wir umgangssprachlich mit dem Wort Risiko eine negative Bedeutung verbinden, hat dieses Wort im Projektmanagement also sowohl eine negative als auch eine positive Bedeutung.

Risiken sind Ereignisse, die einen negativen Einfluss auf das Projekt haben können, aber auch Ereignisse, die den Verlauf des Projekts positiv beeinflussen. Ziel ist es, die positiven Auswirkungen zu steigern und die negativen Auswirkungen zu mindern.

Risiko und Problem

„Es besteht das Risiko, dass es keinen Strom gibt." So sprechen wir in der Umgangssprache von einem Risiko. Genau genommen ist aber die Tatsache, dass es keinen Strom gibt, ein Problem. Eine korrekte Beschreibung des Risikos ist folgende: „Wenn der Strom in der Wohnung länger als zwei Tage ausfällt, besteht das Risiko, dass die Wohnung nicht bis zum Umzugstermin renoviert ist." Ein Risiko besteht aus drei Komponenten: einer Ursache (die Stromrechnung ist nicht bezahlt), einem Auslöser (der Strom wird abgestellt) und den Auswirkungen (die Renovierung wird vor dem Umzug nicht fertig).

Unsichere Ereignisse

Risiken sind unsichere Ereignisse, deren Auswirkungen bekannt sind, man aber nicht weiß, ob sie eintreten. Um in unserem Beispiel zu bleiben: Wenn die Wände in einem schlechten Zustand sind, müssen sie ausgebessert werden. Unsicher ist jedoch, in welchem Zustand die Wände tatsächlich sind. Das erfährt man erst, wenn die alten Tapeten entfernt werden.

Ob ein Risiko tatsächlich eintritt und damit zu einem Problem oder zu einer Chance wird, hängt von vier Faktoren ab:

Risikofaktoren

- **Eintrittswahrscheinlichkeit:** Wie hoch ist die Wahrscheinlichkeit, mit der das Risiko eintreten wird?
- **Auswirkung:** Welches Problem oder welche Chance entsteht, wenn das Risiko eintritt?
- **Eintrittszeitpunkt:** Zu welchem Zeitpunkt wird das Risiko im Projekt eintreffen?
- **Eintrittshäufigkeit:** Wie oft wird das Risiko eintreffen?

In Ihren Projekten haben Sie es mit verschiedenen Menschen zu tun, von denen jeder eine andere Einstellung und Haltung zum Risiko hat. Während die einen vielleicht zu leichtfertig sind und hohe Risiken eingehen, sind andere vorsichtig und wollen sich gegen jedes Risiko absichern. Man hat herausgefunden, dass es vier unterschiedliche Typen im Umgang mit Risiken gibt:

Risikobereitschaft

- **Risikoaverse** haben die Devise: „Nur kein Risiko." Sie meiden Risiken, wo es nur geht, und sind auch nicht bereit, notwendige Risiken einzugehen.
- **Risikoignorante** haben die Einstellung: „Ich sehe kein Risiko." Sie nehmen Risiken in Kauf, ohne sich um deren Auswirkungen zu kümmern. Sie tun so, als gäbe es das Risiko eigentlich gar nicht. Und wenn doch, dann sind aus ihrer Sicht die Auswirkungen nicht so schlimm.
- **Risikopenible** haben den Grundsatz: „Ich will alles im Griff behalten." Sie sehen mehr Risiken als andere und sind ebenfalls nicht bereit, diese einzugehen.
- **Risikobewusste** haben die Haltung: „Ich kenne das Risiko und kann die Auswirkungen einschätzen." Sie können Risiken einschätzen und sind auch in der Lage, notwendige Maßnahmen einzuleiten.

Risikobereitschaft der Stakeholder

Das Risikoverhalten der Stakeholder im Projekt wird auch durch die Unternehmenskultur bestimmt. Es gibt eher risikofreudige Unternehmen und solche, in denen Risiken eher vermieden werden. Sie sollten versuchen, eine gemeinsame Haltung aller am Projekt Beteiligten gegenüber Risiken zu finden, vor allem, wenn die Einstellungen der Stakeholder sehr weit auseinander liegen. Sonst besteht die Gefahr, dass Sie keine einstimmige Zustimmung zu Ihren Risikoplänen bekommen.

Risikokategorien

Typische Situationen haben immer wieder typische Risiken. Wenn Sie mit dem Auto fahren, können Ihnen immer die folgenden Risiken begegnen: Das Auto springt nicht an, Sie verfahren sich, es läuft Ihnen ein Fußgänger vor das Auto, Sie fahren zu schnell, Sie stoßen mit einem anderen Auto zusammen, das Benzin geht aus, das Auto hat einen Schaden. Solche Listen von Risiken nennt man Risikokategorien. Es sind Zusammenstellungen von Risiken für typische Situationen. Sie haben zwei Vorteile: Einerseits erleichtern sie das Erkennen von Risiken in einem bestimmten Projekt und andererseits helfen sie auch dabei, keine Risiken zu vergessen.

Je nachdem, wie viel wir über Risiken wissen, können diese in drei Gruppen eingeteilt werden:

- **Bekannte Risiken:** Die Eintrittswahrscheinlichkeit ist bekannt und die Auswirkungen sind bekannt. Beispiel: 10 Prozent der zu tapezierenden Wände sind schadhaft und müssen ausgebessert werden.
- **Unbekannte Risiken:** Die Risiken selbst sind zwar bekannt, unbekannt sind jedoch deren Eintrittswahrscheinlichkeit und die Auswirkungen, die sie verursachen. Beispiel: Die Tapeten können einen Materialfehler haben. Es ist jedoch unbekannt, wann dieser Materialfehler bei einer Wohnungsrenovierung auftritt.
- **Unbekannte unerwartete Risiken:** Diese Risiken wurden im Projekt nicht identifiziert. Sie treten unerwartet als Problem auf. Von ihnen wissen wir nicht, dass es sie gibt und auch nicht, welche Auswirkungen sie haben können. Beispiel: kein Strom in der Wohnung.

Auswirkungen ermitteln mit Risikoanalysen

Es gibt in Projekten Risiken, die offensichtlich sind. Wenn eine Straße glatt ist, dann ist das Risiko groß, dass das Auto ins Schleudern gerät. Solche offensichtlichen Risiken werden dokumentiert, sobald sie erkannt werden. Wichtig ist jedoch, nicht nur die Risiken zu notieren, die offensichtlich sind, sondern auch diejenigen, die nicht sofort erkannt werden.

Stakeholder einbeziehen

Für das Risikomanagement sind zwar Sie als Projektleiter verantwortlich, aber es wäre nicht ratsam, wenn nur Sie nach Risiken suchen würden. Viele kennen Sie vielleicht gar nicht, aber Ihr Team, der Sponsor, der Kunde, Experten oder andere Stakeholder. Risikomanagement ist eine ständige Aufgabe im Projekt. Es genügt nicht, sich am Anfang mit den Risiken zu beschäftigen und dann nicht mehr.

> **Tipp:**
> Machen Sie Risikomanagement zu einer Teamaufgabe. Nutzen Sie jedes Team-Meeting dazu, Antworten auf die folgenden Fragen zu finden: Welche Risiken haben wir neu erkannt, welche sind erst jetzt entstanden und wie haben sich bereits erkannte Risiken verändert?

Risiken finden und priorisieren mit der qualitativen Risikoanalyse

Auf welche Risiken muss ich mein Augenmerk richten? Dies ist die Frage, die Sie sich bei der Risikoanalyse stellen.

Mit der qualitativen Risikoanalyse werden die wichtigsten Risiken aus der Vielzahl von möglichen Risiken ermittelt.

In der Risikoanalyse werden Techniken eingesetzt, mit denen die Risiken im Projekt ermittelt und bewertet werden. Die wichtigsten stelle ich jetzt dar.

Projektdokumente geben Hinweise auf Risiken

Projektdokumente nutzen

Alle verfügbaren Projektdokumente werden systematisch auf Risiken hin durchgesehen. Die für das Projekt getroffenen Annahmen werden auf Ungenauigkeit, Inkonsistenz und Unvollständigkeit geprüft. Hierdurch können Risiken für das Projekt entdeckt werden. Annahmen bergen aber immer Risiken in sich, denn jede nicht zutreffende Annahme löst Risiken aus. Zusätzlich können noch Lessons Learned vergangener Projekte, Artikel oder Untersuchungsberichte herangezogen werden.

Kreativität in der Risikofindung nutzen mit Brainstorming

Brainstorming

In einer Brainstorming-Sitzung tragen Projektmitglieder oder Experten alle Risiken zusammen, die ihnen spontan einfallen.

☑

So gehen Sie beim Brainstorming vor:

Vorbereitung:

- ☐ Stellen Sie eine Gruppe von Teammitgliedern, Stakeholdern oder Experten zusammen.
- ☐ Benennen Sie einen Protokollanten.
- ☐ Erläutern Sie der Gruppe, dass diese alle möglichen Risiken, die im Projekt auftreten können, zusammentragen soll.
- ☐ Erläutern Sie die Regeln:
  - Risiken anderer Teilnehmer werden aufgegriffen und kombiniert.
  - Kommentare, Korrekturen und Kritik sind verboten.
  - So viele Risiken wie nur möglich werden benannt.
  - Freies Assoziieren und Fantasieren ist erlaubt.

Phase 1:

☐ Die Teilnehmer nennen Risiken und der Protokollant notiert diese auf einem Flipchart.

☐ Machen Sie eine Pause.

Phase 2:

☐ Lesen Sie jedes Risiko vor und lassen Sie es durch die Teilnehmer bewerten.

☐ Erstellen Sie eine Liste der Risiken, die weiter analysiert werden sollen.

Befragungen bringen Risiken ans Licht

Befragung

Erfahrene Projektteilnehmer, Stakeholder und fachkundige Experten werden befragt, welche Risiken sie im Projekt sehen.

☑

So gehen Sie bei einer Befragung vor:

Vorbereitung:

☐ Entwickeln Sie einen Leitfaden für die Befragung. Dieser sollte folgende Punkte enthalten:

- Einführung in das Thema
- Fragen, die den Befragten helfen, auf Risiken zu kommen: Welche Risiken gab es in vergleichbaren Projekten, die Sie kennen? Was könnte im allerschlimmsten Fall in dem Projekt passieren? Wenn Sie den Terminplan sehen, welche Risiken sehen Sie darin?

Befragung:

☐ Befragen Sie mithilfe des Leitfadens Ihren Gesprächspartner. Lassen Sie aber möglichst viele freie Äußerungen zu, um Aspekte zu erfahren, an die Sie bisher nicht gedacht haben.

☐ Schreiben Sie die Antworten Ihres Gesprächspartners mit.

Nachbereitung:

☐ Werten Sie Ihre Notizen aus.

☐ Erstellen Sie eine Liste der genannten Risiken.

Risiken systematisch entdecken mit dem Risikostrukturplan

Risikostrukturplan

In einem Risikostrukturplan sind alle möglichen Quellen für Risiken zusammengestellt. Sie nutzen einen Risikostrukturplan, um alle Aspekte Ihres Projekts abzuprüfen. In Abbildung 37 ist ein Risikostrukturplan für Wohnungsrenovierungen dargestellt.

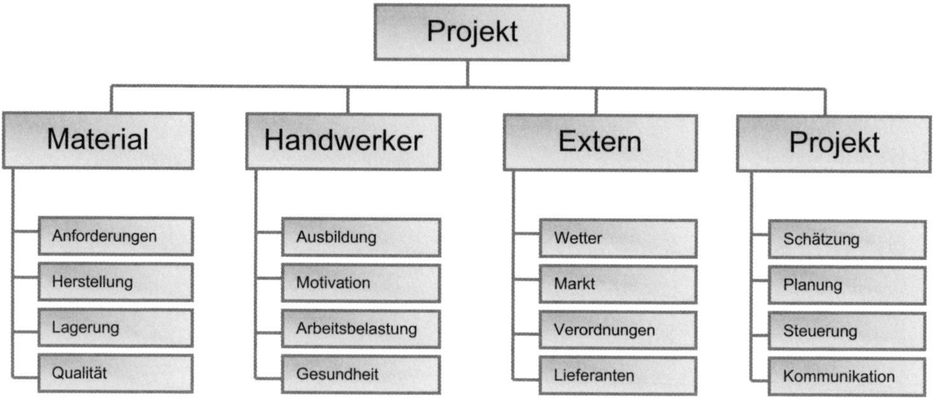

Abbildung 37: Der Risikostrukturplan hilft Risiken aufzuspüren.

☑

So nutzen Sie einen Risikostrukturplan:

- ☐ Suchen Sie in der Dokumentation vergangener Projekte nach einem Risikostrukturplan, der auf Ihre Aufgabenstellung passt.
- ☐ Passen Sie den Risikostrukturplan an.
- ☐ Fragen Sie bei jeder Risikokategorie im Risikostrukturplan: Welche Risiken werden durch diese Risikokategorie hervorgerufen?

Risiken priorisieren mit der Matrix von Eintrittswahrscheinlichkeit und Auswirkung

Auf wichtige Risiken konzentrieren

Die Erfahrung zeigt, dass man für jedes Projekt viele Risiken findet. Jedoch ist es nicht sinnvoll, für alle diese Risiken eine präventive Maßnahme einzuplanen. Dies wäre auch zu aufwendig und zu teuer. Man hat herausgefunden, dass es ausreicht, sich auf die wichtigsten Risiken zu konzentrieren. Dies ist die Aufgabe der Risikoanalyse.

Was ist aber ein wichtiges Risiko? Wichtig ist ein Risiko dann, wenn es sehr wahrscheinlich ist, dass es eintritt und wenn die Auswirkungen des Risikos das Projekt stark beeinträchtigen. In der qualitativen Risikoanalyse wird für jedes Risiko festgelegt, wie hoch seine Eintrittswahrscheinlichkeit ist und wie groß die Auswirkungen auf das Projekt sind. Aus diesen beiden Daten wird die Priorität des Risikos festgelegt. Dazu kann eine Wahrscheinlichkeits- und Auswirkungs-Matrix verwendet werden. Ein Beispiel für eine solche Matrix zeigt Abbildung 38.

Wahrscheinlichkeits- Auswirkungs-Matrix

Risiko	Wahrscheinlichkeit	Auswirkung	Risikofaktor
Risiko 1	0,9	0,8	0,72
Risiko 2	0,7	0,4	0,28
Risiko 3	0,1	0,2	0,02

Legende:

- Hohes Risiko (Risikofaktor 0,5-1)
- Mittleres Risiko (Risikofaktor 0,2-0,5)
- Niedriges Risiko (Risikofaktor 0-0,2)

Abbildung 38: Die Wahrscheinlichkeits-Auswirkungs-Matrix legt die Priorität von Risiken fest.

So priorisieren Sie Risiken:

- ☐ Erstellen Sie eine Liste aller Risiken.
- ☐ Bestimmen Sie für jedes Risiko, wie hoch die Wahrscheinlichkeit ist, dass es eintritt und welche Auswirkungen es hat.
- ☐ Errechnen Sie den Risikowert.
- ☐ Legen Sie fest, bei welchen Risikowerten ein hohes, mittleres oder niedriges Risiko vorliegt.
- ☐ Markieren Sie, welche Risiken hoch, mittel oder niedrig sind.

Tipp:
Prüfen Sie bei den priorisierten Risiken, ob es hier Risiken gibt, die sehr schnell eintreten können. Setzen Sie diese Risiken auf eine „Notfallliste". Berücksichtigen Sie diese Risiken vorrangig bei den nächsten Schritten.

Risikoverzeichnis

Die erkannten Risiken werden im sogenannten Risikoverzeichnis dokumentiert. Es ist eine Tabelle, welche die folgenden Daten enthält:

- **Risiko:** Was ist das Risiko?
- **Mögliche Reaktionen auf das Risiko:** Wie kann auf das Risiko reagiert werden?
- **Risikoursachen:** Welche Ursachen gibt es für das Risiko?
- **Risikokategorie:** Soll das Risiko in die Liste der Risikokategorien aufgenommen werden?

Risiken sind nicht zu vermeiden, aber zu managen

Ein Problem tritt auf. Was passiert normalerweise? Es entstehen bei den Beteiligten heftige Diskussionen darüber, warum das Problem entstanden ist. Jeder möchte einen Beitrag zur Problemanalyse leisten und es werden die verschiedensten Alternativen zur

Problembewältigung diskutiert. Während man versucht, eine Lösung zu finden, wird oft das Problem noch schlimmer, denn die Zeit läuft davon. Und ist eine Lösung gefunden, bleibt die Frage, ob diese dann wirklich die richtige ist.

Mit einer guten Risikoplanung sieht die Sache ganz anders aus. Schon im Vorfeld überlegt man die besten Maßnahmen, um mit Problemen fertig zu werden. Tritt das Problem dann ein, sehen Sie in ihrem Risikoplan nach und haben die Lösung. Anschließend müssen Sie diese nur noch umsetzen.

Mit der Planung von Optionen und Maßnahmen bei der Risikobewältigung werden Auswirkungen von Risiken vermindert und die Chancen für das Projekt vergrößert.

Risikobewältigungsstrategien

Mit Risiken können Sie auf vier ganz verschiedene Weisen umgehen:

- **Vermeiden:** Risikovermeidungsstrategien zielen darauf ab, die Ursachen von Risiken zu beseitigen. Eine Vermeidungsstrategie in unserem Beispiel wäre gewesen, die Wohnung nur in Monaten zu renovieren, an denen genügend Tageslicht vorhanden ist.
- **Übertragen:** Bei einer Übertragungsstrategie überträgt man die Auswirkungen des Risikos auf eine andere Person. Versicherungen sind typische Risikoübertragungen. Der Schaden, der durch ein Risiko entsteht, wird durch die Versicherung getragen.
- **Mindern:** Mindern kann man die Eintrittswahrscheinlichkeit, aber auch die Auswirkungen. In unserem Beispiel könnte man die Auswirkungen mindern, indem man ein größeres Team einsetzt, das die Renovierung in kürzerer Zeit durchführen kann.
- **Akzeptieren:** Bei dieser Strategie trifft man die bewusste Entscheidung, mit dem Risiko zu leben, überprüft aber immer wieder, ob die Entscheidung aufgrund neuer Rahmenbedingungen überdacht werden muss.

Preis der Risikobewältigung Sie sollten nicht versuchen, Risiken um jeden Preis zu vermeiden. Auch die Risikobewältigung kostet Geld und erhöht das Projektbudget. Ihre Strategie sollte so ausgelegt sein, dass die Maßnahmen zur Bewältigung von Risiken angemessen sind und möglichst wenig Kosten verursachen.

Notfallpläne Soll durch ein Risiko der Projekterfolg nicht gefährdet werden, dann müssen Sie Maßnahmen festlegen, mit denen die Auswirkungen des Risikos kompensiert werden. Diese Maßnahmen nennt man Notfallplan. In unserem Beispiel könnte ein Notfallplan darin bestehen, ein Notstromaggregat zu beschaffen, mit dem der Strom für die Beleuchtung erzeugt werden kann.

Risikoüberwachung Risiken werden in Projekten ständig überwacht. Denn Risiken verändern sich während des Projekts. Ihre Eintrittswahrscheinlichkeit wird größer oder kleiner, die Auswirkungen verändern sich, Risiken können wegfallen, aber auch neue Risiken können hinzukommen. Überwacht werden aber nicht nur die Risiken selbst, sondern auch die Maßnahmen, die ergriffen werden, wenn sie eintreten.

☑

So überwachen Sie Risiken:

- ☐ Prüfen Sie, ob Risikoauslöser eingetreten sind.
- ☐ Überwachen Sie, ob die im Risikoplan festgelegten Maßnahmen umgesetzt werden und wie wirkungsvoll diese sind.
- ☐ Aktualisieren Sie Ihre Risikoanalyse und die Priorisierung der Risiken ständig.
- ☐ Entwickeln Sie ständig neue Maßnahmen, um auf bekannte und neu identifizierte Risiken reagieren zu können.
- ☐ Informieren Sie die Stakeholder über die Risiken.
- ☐ Überprüfen Sie, ob die Projektannahmen noch gültig sind.
- ☐ Halten Sie das Risikoregister und die Überwachungsliste aktuell.
- ☐ Überprüfen Sie für jedes Risiko, ob Eintrittswahrscheinlichkeit und Auswirkungen noch stimmen.

Folgende Techniken können Sie nutzen, um Risiken zu überwachen und zu steuern:

- **Einstufung der Risiken überprüfen:** Denn Risiken verändern während des Projektverlaufs ihre Eintrittswahrscheinlichkeit und auch ihre Auswirkungen. Nutzen Sie Projektbesprechungen dazu, die Einstufung der Risiken immer wieder zu überprüfen. Auf diese Weise haben Sie die Aufmerksamkeit immer auf die jeweils wichtigen Risiken gerichtet.
- **Risikoaudits:** In diesen Audits wird untersucht, wie die Maßnahmen zur Risikobewältigung gewirkt haben und wie gut der Risikomanagementprozess funktioniert.
- **Abweichungs- und Trendanalysen:** Beobachten Sie den Trend von Terminen und Kosten. Abweichungen davon können ein Indiz für neue Risiken sein.
- **Statusbesprechungen:** Nutzen Sie Projektstatusbesprechungen auch, um über den Stand der Risiken zu sprechen. Dies erhöht die Aufmerksamkeit für Risiken im Projekt und gibt den Beteiligten ein Gefühl dafür, wie hoch die Bedrohungen der Projektziele sind.

Ihre Aufgabe als Projektleiter im Risikomanagement:

- ☐ Schaffen Sie ein positives Bewusstsein für Risiken im Projekt und eine Atmosphäre, in der Risiken ohne Bedenken angesprochen werden können und in der das Wissen von Mitarbeitern und Stakeholdern genutzt wird, um Risiken zu erkennen.
- ☐ Identifizieren Sie mit Ihrem Auftraggeber, dem Projektteam und den Experten die Risiken im Projekt.
- ☐ Erstellen Sie ein Risikoregister, in dem alle Risiken verzeichnet sind.
- ☐ Ermitteln Sie die wichtigsten Risiken, indem Sie deren Eintrittswahrscheinlichkeit und deren Auswirkungen untersuchen.
- ☐ Prüfen Sie, wie sich durch die Risiken der Projektplan verändern muss.

- ☐ Behalten Sie die Risiken im Blick und überwachen Sie, wie sich die Eintrittswahrscheinlichkeiten und Auswirkungen durch den Projektverlauf verändern.
- ☐ Kommunizieren Sie den Stakeholdern die Risiken und deren mögliche Veränderungen.
- ☐ Führen Sie Audits durch, um die Wirksamkeit von durchgeführten Maßnahmen zu untersuchen.
- ☐ Machen Sie Risiken zum Thema in den Besprechungen mit dem Projektteam und in Statusbesprechungen.

11. Beschaffungsmanagement: Einkaufen, was man nicht selbst macht

Warum gibt es manchmal zwischen Lieferant und Projektbeteiligten eine getrübte Stimmung? Vor dem Vertragsabschluss mit einem externen Lieferanten ist meistens alles in bester Ordnung. Der Projektleiter denkt, er bekommt die beste Leistung, und der Lieferant denkt, er hat einen guten Auftrag eingefangen. Die Probleme beginnen dann, wenn die Leistung dann doch nicht den Vorstellungen des Projektleiters entspricht und der Lieferant merkt, dass sein Gewinn nicht so groß ist, wie er dachte. Leistungen für ein Projekt einzukaufen bedeutet, vor dem Vertragsabschluss die Vertragsbedingungen so zu klären, dass bei der Lieferung weder der Projektleiter noch der Lieferant enttäuscht sind.

Ein gutes Beschaffungsmanagement im Projekt ist Ihr Beitrag dazu, dass der Lieferant die Leistungen erbringt, die Ihr Projekt braucht.

Mit dem Beschaffungsmanagement in Projekten werden Produkte und Dienstleistungen erworben, welche das Projektteam nicht allein erstellen oder erbringen kann.

In diesem Kapitel erhalten Sie Antworten auf die folgenden Fragen:

- Wie bereite ich Lieferantenanfragen vor?
- Wie werden Lieferanten ausgesucht?
- Wie manage ich Lieferungen des Auftragnehmers?

Was ist zu tun?

Als Projektleiter werden Sie nur selten persönlich Gegenstände oder Dienstleistungen einkaufen. Die Beschaffung von Leistungen ist die Domäne der Einkaufsabteilung und in Ihrer Projektplanung müssen Sie sich nach den Prozessen, Standards und vor allem der Arbeitsplanung in dieser Abteilung richten. Denn nichts ist ärgerlicher, als wenn Sie eine Leistung mit ihrem bevorzugten Lieferanten besprochen haben, und der Zuständige in der Einkaufsabteilung von Neuem zu verhandeln beginnt oder sogar einen anderen Lieferanten vorschlägt.

Tätigkeiten im Beschaffungsmanagement

Im Beschaffungsmanagement führen Sie folgende Tätigkeiten durch (siehe auch Abbildung 39 auf Seite 159):

- Sie planen, welche Leistungen im Projekt eingekauft werden.
- Sie definieren Ihre Anforderungen und ermitteln die Anbieter, welche diese Leistungen liefern können.
- Sie holen Informationen über Lieferanten und deren Konditionen ein und lassen Kostenvoranschläge erstellen.
- Sie wählen mit dem Einkauf den für die Aufgabe besten Lieferanten aus und beteiligen sich an der Vertragsverhandlung.
- Sie achten darauf, dass die im Vertrag vereinbarten Leistungen geliefert werden und die Zahlungen an den Lieferanten erfolgen. Und wenn es Probleme mit dem Lieferanten gibt, sorgen Sie dafür, dass diese gelöst werden.
- Sie nehmen die Leistungen ab, klären die noch offenen Punkte und beenden den Vertrag.

Lieferleistungen festlegen

Make-or-Buy

Make-or-Buy ist ein Ausdruck, für den wir im Deutschen keine Bezeichnung haben. Er bedeutet: Selbst machen oder einkaufen. Mit der Make-or-Buy-Analyse finden Sie heraus, ob es günstiger ist, eine Leistung im Projekt zu erbringen oder diese besser bei einem Lieferanten einzukaufen. In der Analyse werden alle Kosten erfasst, die beim Kauf eines Produkts entstehen, und zusätzlich

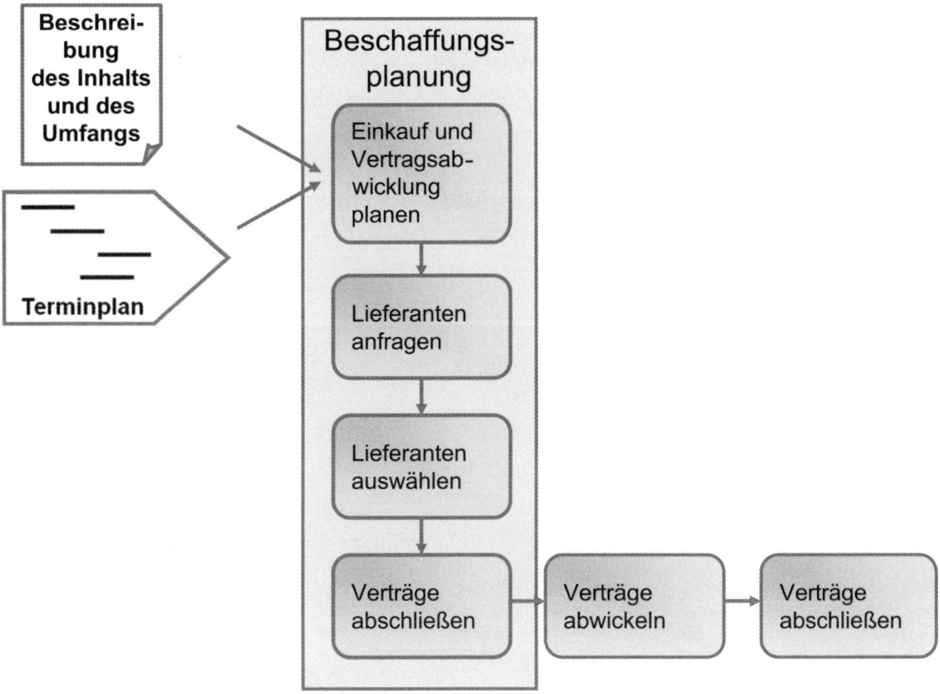

Abbildung 39: Mit dem Beschaffungsmanagement werden die Leistungen Externer in das Projekt integriert.

noch die Kosten, die für das Management des Einkaufs erforderlich sind. Nicht immer sind jedoch die Kosten das Entscheidende. Leistungen müssen auch dann eingekauft werden, wenn im Unternehmen dafür keine Kapazität, keine Infrastruktur oder keine Kompetenzen vorhanden sind.

Rolle der Einkaufsabteilung

Einkaufsabteilungen übernehmen oft viele Schritte im Beschaffungsmanagement. Sie suchen die Lieferanten aus, holen die Kostenvoranschläge ein, handeln Verträge aus und schließen diese auch ab. Ihre Rolle als Projektleiter ist es hier, den Verantwortlichen in der Einkaufsabteilung mit den nötigen Informationen zu versorgen, damit Sie die richtigen Leistungen bekommen. Als Projektleiter beschreiben Sie die Leistungen so genau wie möglich, prüfen die Kostenvoranschläge und unterstützen die Einkaufsabteilung bei den Verhandlungen. Alle kommerziellen Aspekte bei der Beschaffung sollten Sie dieser Abteilung überlassen.

Leistungsbeschreibung

Grundlage für jeden Vertrag ist die vertragliche Leistungsbeschreibung. Diese wird auch als Grobkonzept oder Lastenheft bezeichnet. In ihm definieren Kunden, Nutzer oder andere Nachfrager die technischen, wirtschaftlichen und organisatorischen Erwartungen des Auftragnehmers.

☑

Diese Punkte muss ein Lastenheft enthalten:

- ☐ Die grundsätzliche Spezifikation des zu erstellenden Produkts oder der Leistung. Dazu gehören das Ziel, die Projektergebnisse, Funktionen und Leistungen sowie die zu erfüllenden Qualitätsanforderungen.
- ☐ Anforderungen an das Produkt bei seiner späteren Verwendung wie zum Beispiel die Temperaturverträglichkeit
- ☐ Rahmenbedingungen für das Produkt und für die Herstellung des Produkts, wie zum Beispiel die einzuhaltenden Normen
- ☐ Vertragliche Rahmenbedingungen, wie zum Beispiel Teilleistungen oder Gewährleistung
- ☐ Anforderungen, die der Auftragnehmer erfüllen muss, wie zum Beispiel eine Zertifizierung
- ☐ Anforderungen an das Projektmanagement, wie zum Beispiel die Planungs- und Controllingmethoden oder die einzusetzenden Projektmanagementtools

Die Qualität der Leistung und mögliche Streitigkeiten über den Vertrag hängen stark von der Qualität der vertraglichen Leistungsbeschreibung ab. Je genauer und präziser Sie die Leistung beschreiben, umso besser kann der Lieferant seinen Preis kalkulieren und vor allem können Sie damit bei Streitigkeiten nachweisen, was Sie bestellt haben. Die vertragliche Leistungsbeschreibung ist ein Teil der Auftragsklärung mit dem Lieferanten.

Tipp:
Konkretisieren Sie mit dem Lieferanten während der Vertragsverhandlungen die Leistungsbeschreibung. So entwickeln Sie ein gemeinsames Verständnis von den Lieferleistungen.

Das Gegenstück zur vertraglichen Leistungsbeschreibung ist das Angebot des Verkäufers. Es wird im Gegensatz zum Lastenheft auch Pflichtenheft genannt. Im Angebot beschreibt der Verkäufer welche Leistungen er zu welchen Konditionen liefert. Aus dem Angebot müssen Sie erkennen, dass der Verkäufer geeignet ist, die Leistung zu erbringen und was diese Leistung kostet. Ein formelles Angebot ist ein rechtsgültiges Dokument. Der Verkäufer ist an das Angebot gebunden und muss die Leistung so wie er sie im Angebot beschrieben hat, auch erbringen können. Das Angebot ist das wichtigste Dokument für die Auswahl des Lieferanten. Wenn mehrere Lieferanten für eine Leistung infrage kommen, sollten Sie die Form des Angebots vorgeben. Dann ist es leichter, die Angebote miteinander zu vergleichen.

Wie finde ich den richtigen Anbieter?

Auch bei der Auswahl von Lieferanten gilt eine Grundregel des Projektmanagements. Je gründlicher Sie hier sind, desto weniger Probleme haben Sie im Projekt. Und es liegt nicht zuletzt in Ihrem Interesse, den geeignetsten Lieferanten zu finden.

Lieferantenlisten

Mit Lieferantenanfragen werden die Angebote potenzieller Verkäufer eingeholt. Dazu werden die potenziellen Lieferanten angeschrieben und aufgefordert ein Angebot abzugeben. Einkaufsabteilungen haben hierfür Verzeichnisse, in denen die möglichen Anbieter aufgeführt sind. Aber auch ein Projektteam kann durch Recherchen eigene Listen von Anbietern erstellen.

Öffentliche Ausschreibung

Falls nicht alle Anbieter bekannt sind, die Recherche zu aufwendig ist oder, wie bei öffentlichen Ausschreibungen, alle Verkäufer die gleichen Chancen haben sollen, dann schreiben Sie den Auftrag aus. Dazu wird in einer Veröffentlichung, zum Beispiel in einer Fachzeitschrift, die Leistung kurz dargestellt. Die Anbieter können dann die notwendigen Unterlagen bei dem Käufer anfordern.

Auswahlkriterien

Nicht immer ist der billigste Lieferant auch der beste. Wenn in Ihrem Projekt der Termin besonders wichtig ist, dann sollten Sie Ihren Lieferanten danach aussuchen, ob er diesen auch einhalten kann.

☑

So finden Sie das passende Angebot:

Mit den folgenden Fragen können die Angebote geprüft werden:

- ☐ Entspricht das Angebot des Verkäufers der vertraglichen Leistungsbeschreibung?
- ☐ Wie hoch sind die Preisunterschiede?
- ☐ Verfügt der Verkäufer über das fachliche Wissen, das notwendig ist, die Leistung zu erbringen?
- ☐ Hat der Verkäufer die notwendige Unternehmensgröße und die notwendigen Ressourcen, um die Leistung zu erbringen oder kann er sich diese kurzfristig beschaffen?
- ☐ Kann der Verkäufer Referenzen vorheriger Käufer zur Verfügung stellen?

Nutzwertanalyse

Nach der Ausschreibung haben Sie die Qual der Wahl. Es liegen mehrere Angebote vor, aber welcher Verkäufer ist der richtige? Dabei entscheidet nicht nur der Preis, sondern auch die Tatsache, wie gut die Leistungen sind. Um diese unterschiedlichen Aspekte vergleichbar zu machen, werden mit einer Nutzwertanalyse die Angebote verglichen und es wird eine Rangfolge der Verkäufer erstellt.

☑

So gehen Sie bei der Nutzwertanalyse vor:

- ☐ Legen Sie die Kriterien fest, mit denen Sie die Lieferanten vergleichen wollen.
- ☐ Bestimmen Sie den Einfluss eines jeden Kriteriums. Zum Beispiel, zu welchem Anteil das Kriterium die Entscheidung beeinflussen soll.

- ☐ Vergeben Sie bei jedem Anbieter für jedes Kriterium eine Punktzahl.
- ☐ Multiplizieren Sie die Punktzahl mit der Gewichtung.
- ☐ Addieren Sie alle gewichteten Punktzahlen.
- ☐ Der beste Lieferant ist der mit der höchsten Punktzahl.

Nutzwertanalyse

Bewertungskriterien	Gewichtung	Lieferant A		Lieferant B		Lieferant C	
		Punkte	Bewertung	Punkte	Bewertung	Punkte	Bewertung
Preis	0,5	5	2,5	10	5	1	0,5
Termin	0,2	10	2	5	1	10	2
Übereinstimmung mit der ausgeschriebenen Leistung	0,2	1	0,2	10	2	10	2
Referenzen	0,1	10	1	5	0,5	5	0,5
Summe			5,7		8,5		5

Abbildung 40: Die Nutzwertanalyse zeigt, wer der beste Anbieter ist.

Tipp:
Oft können Sie Angebote nicht allein beurteilen, insbesondere dann, wenn die Leistungen mehrere Fachgebiete umfassen. Stellen Sie hier ein Prüfteam mit Experten aus allen betroffenen Fachgebieten zusammen.

Verträge schließen und managen

Verträge sind rechtlich verbindliche Dokumente. Das, was im Vertrag steht, kann von Verkäufer und Käufer vor Gericht eingeklagt werden. Ein Vertrag sollte die folgenden Bestandteile haben: Beschreibung der Leistung, Termine, Preis für die Leistung, Rollen und Verantwortungen, Abnahmekriterien, Gewährleistung und

Haftung, Vertragsstrafen und eine Vereinbarung darüber, wie mit Vertragsänderungen umgegangen wird.

Ein Vertrag ist eine verbindliche Vereinbarung, die den Verkäufer verpflichtet, bestimmte Produkte, Dienstleistungen oder Ergebnisse zu liefern und festlegt, was der Käufer dafür bezahlen muss.

Vertragsverhandlungen

Die Vertragsverhandlungen werden oft von der Einkaufsabteilung geführt. Sie ist hier vor allem für den kommerziellen Teil zuständig. Sie als Projektleiter sind aber immer für den fachlichen Teil verantwortlich und achten darauf, dass die Leistung vollständig und möglichst präzise beschrieben ist.

Tipp:
Scheuen Sie in den Verhandlungen nicht die Auseinandersetzung mit dem Verkäufer. So nehmen Sie Streitigkeiten vorweg, die nach dem Vertragsabschluss entstehen könnten.

Verträge abwickeln

Ist der Vertrag einmal geschlossen, dann binden Sie den Verkäufer in das Projekt ein.

So binden Sie Lieferanten in das Projekt ein:

- ☐ Genehmigen Sie den Beginn der Arbeiten durch den Lieferanten.
- ☐ Überwachen Sie die Kosten, den Terminplan und die fachlichen Leistungen des Lieferanten.
- ☐ Prüfen Sie, ob das Produkt des Lieferanten den fachlichen Anforderungen entspricht.
- ☐ Steuern Sie erforderliche Änderungen.
- ☐ Überwachen Sie die Zahlungen an den Lieferanten.

Änderungssteuerung

Es wird wahrscheinlich nie ein Projekt ohne Änderungen geben. Änderungen innerhalb des Projekts führen in der Regel auch zu Änderungen in der Vertragsabwicklung und manchmal auch zu Änderungen in den Verträgen mit dem Auftragnehmer. Die Abwicklung von Vertragsänderungen ist ein formaler rechtlicher Prozess. Achten Sie darauf, dass Sie Projektänderungen mit dem Auftragnehmer so durchführen, wie sie im Vertrag vereinbart sind.

Vertrag beenden

Verträge können jederzeit beendet werden. Oft sind die Leistungen schon vollständig erbracht, bevor das Projekt abgeschlossen ist. Dann wird der Vertrag schon vor dem Projektende beendet. Mit der Vertragsbeendigung wird geprüft, ob alle vereinbarten Leistungen erbracht und akzeptiert sind, keine Forderungen mehr gegenüber dem Verkäufer bestehen und alle Zahlungen geleistet sind.

☑

Ihre Aufgabe als Projektleiter im Beschaffungsmanagement:

- ☐ Legen sie fest, welche Leistungen eingekauft werden sollen.
- ☐ Entwickeln Sie die vertragliche Leistungsbeschreibung.
- ☐ Ermitteln Sie zusammen mit der Einkaufsabteilung die möglichen Lieferanten.
- ☐ Entwickeln Sie Beurteilungskriterien für die Bewertung der Angebote.
- ☐ Legen Sie mit der Einkaufsabteilung die Vertragsform fest.
- ☐ Unterstützen Sie die Einkaufsabteilung bei den Vertragsverhandlungen.
- ☐ Binden Sie den Lieferanten in die Projektarbeit ein.
- ☐ Nehmen Sie die Leistungen der Lieferanten und Subunternehmer für Ihr Projekt ab.

12. Integrationsmanagement: die Fäden in der Hand behalten

Welche Hauptaufgabe hat der Projektleiter? Er erstellt nicht das Projektergebnis und er kann auch viele Projektmanagementtätigkeiten delegieren. Eine Aufgabe kann er jedoch auf keinen Fall abgeben: die Koordination aller Arbeiten im Projekt. Bei ihm laufen alle Fäden zusammen. Er plant und steuert, wie die vielen kleinen Puzzlesteine des Projekts zu einem Ganzen zusammengesetzt werden. Dabei muss er die verschiedenen Interessen im Projekt ebenso ausbalancieren wie Zeit, Kosten und Qualität. Die Hauptaufgabe des Projektleiters ist die Integration aller Arbeiten. Die Funktion des Projektleiters wurde in Organisationen geschaffen, um Arbeiten, die nicht in die Linie gehören, unter einer Gesamtaufgabe zusammenzufassen und diese als ein Ganzes zu managen.

Im Integrationsmanagement werden alle Einzelteile des Projekts zu einem koordinierten Ganzen zusammengefügt.

In diesem Kapitel erhalten Sie Antworten auf die folgenden Fragen:

- Wie wird geplant, auf welche Weise die Einzelteile des Projekts zusammenhängen?
- Wie sorgt der Projektleiter dafür, dass alle Einzelteile im Projektverlauf zusammenspielen?
- Wie wird ein Projekt abgeschlossen?

Projektmanagementplan: die Wegbeschreibung zum Ziel

Sie haben ein Projekt übernommen. Was ist das erste, was Sie tun? Sie planen, wie Sie Ihr Projekt durchführen. Konkret heißt das, Sie planen, wie Sie Inhalt und Umfang des Projekts beschreiben, Termine und Kosten planen, wie Sie im Qualitätsmanagement vorgehen, was im Personal-, Kommunikations- und Risikomanagement getan wird, und wie Sie eventuell erforderliche Beschaffungen managen. Dies alles wird in einem sogenannten Managementplan beschrieben.

Managementpläne beantworten die Frage: Wie werden Auftrag und Inhalt, Zeit usw. im Projekt festgelegt, geplant, gemanagt, überwacht und gesteuert?

Planungsprozess

Genauso wichtig wie der Plan ist die Erstellung des Plans selbst. Denn in diesem Planungsprozess durchdenken Sie, wie Sie das Projekt durchführen wollen. Hierbei können Sie auf Projektmanagementmethoden wie zum Beispiel das PMBok® Guide des PMI Institute, die International Competence Baseline der International Project Management Association oder andere Standards zurückgreifen. Dies sind allgemeine Beschreibungen, wie Projekte durchgeführt werden. Was sie nicht leisten können, ist eine für alle Projekte maßgeschneiderte Vorgehensweise. Diese aus dem Gesamtkonzept des Projektmanagements zu entwickeln ist Ihr Job.

Projektmanagementpläne

Projektmanagementpläne sind umso umfangreicher, je größer das Projekt ist. Reicht bei einem kleinen Projekt eine Liste der zu erstellenden Pläne und der einzuhaltenden Standards, müssen bei einem großen Projekt umfangreiche Pläne vom Projektmanagementteam erstellt werden. Projektmanagementpläne sollten Antworten auf die folgenden Fragen geben:

- Welche Prozesse werden im Projekt durchgeführt? Es geht um die auf Ihr Projekt zugeschnittene Auswahl von Prozessen,

Methoden und Techniken aus dem gesamten Wissenspool des Projektmanagements.

- Welche Pläne für die Durchführung des Projekts werden erstellt? Dies sind Basispläne für Inhalt und Umfang, Zeitplan, Kosten, Qualität, Projektmitarbeiter, Kommunikation, Risiken und Einkauf.
- Wie werden die Liefergegenstände des Projekts gemanagt? In Projekten werden meist nicht nur ein Produkt, sondern mehrere in unterschiedlichen Versionen erstellt. Mit einem Konfigurationsmanagementplan (siehe Seite 168) behalten Sie hier den Überblick.

Veränderungsmanagement

Der Projektleiter muss sich nicht nur zu Projektbeginn, sondern vor allem auch während der Projektlaufzeit immer wieder mit Forderungen nach Veränderungen auseinandersetzen. Dies ist auch nicht verwunderlich, denn je weiter das Projekt voranschreitet, desto mehr neue Möglichkeiten werden sichtbar und desto mehr Wünsche geweckt. Das ist ein Grund dafür, dass manche Projekte nie fertig werden. Der Projektumfang weitet sich während des Projekts ständig aus. Teil Ihrer Aufgabe als Projektleiter ist es, diesen schleichenden Änderungen einen Riegel vorzuschieben. Was nicht heißt, dass alle Änderungen kategorisch abgelehnt werden. Jedoch sollten nur solche Änderungen aufgenommen werden, die helfen, das Projektziel zu erreichen. Das Verfahren, wie Änderungen in den Basisplänen aufgenommen werden, beschreibt der Veränderungsmanagementplan.

☑

So gehen Sie bei Änderungen im Projekt vor:

- ☐ Beschreiben Sie, wie Änderungen in den Basisplan aufgenommen werden.
- ☐ Legen Sie fest, wie und wer Änderungen genehmigen kann.
- ☐ Beschreiben Sie, wie die genehmigten Änderungen im Projekt gemanagt werden.
- ☐ Legen Sie fest, wie die Umsetzung der Änderungen überwacht und gesteuert wird.

Konfigurationsmanagement

Das folgende Problem des Projektmanagements kennen Sie wahrscheinlich selbst aus eigener Erfahrung. Sie fangen an, einen Bericht zu schreiben. Dann speichern Sie diesen ab. Am nächsten Tag arbeiten Sie daran weiter. Jetzt fügen Sie nicht nur Dinge hinzu, sondern streichen auch Passagen, die Sie bereits geschrieben haben. Diese Informationen möchten Sie nicht verlieren und speichern den Text als neue Version ab. Nach zehn Bearbeitungen des Textes haben Sie zehn Versionen. Spätestens hier werden Sie den Überblick verlieren, wenn Sie eine bestimmte Textstelle suchen. In Projekten ist dieses Problem noch in viel größerem Stil vorhanden. Die Lösung dafür ist der Konfigurationsmanagementplan. In ihm beschreiben Sie, wie Änderungen bei der Projektdokumentation, bei den Liefergegenständen und der zugehörigen Dokumentation gekennzeichnet und verwaltet werden. Das einfachste Verfahren hierzu ist die Vergabe von Versionsnummern. Bei jeder neuen Version wird die Nummer der Version erhöht.

Tipp:
Lassen Sie den Projektmanagementplan auch durch den Auftraggeber oder Sponsor unterschreiben. Dies ist eine Gelegenheit, mit ihm die Vorgehensweise im Projekt zu besprechen und eine formale Zustimmung dafür zu bekommen.

Kick-off-Meeting

Bevor Sie mit der Arbeit beginnen, müssen auch alle anderen Beteiligten wissen, wie das Projekt durchgeführt werden soll. Die beste Methode dazu ist ein Kick-off-Meeting. Der Begriff Kick-Off kommt aus dem Sport und meint den Start eines Spiels. Genauso ist es auch im Projekt. Das Kick-off-Meeting leitet die Ausführungsphase ein. Ziel des Meetings ist, dass alle Beteiligten mit dem Projekt und der geplanten Vorgehensweise vertraut werden und ein gemeinsames Verständnis vom Projekt entwickeln. Auf die Agenda eines Kick-off-Meetings gehören die Vorstellung des Projektmanagementplans, die Darstellung der Projektrisiken, der Kommunikationsplan und die Struktur der Meetings im Projekt.

Projektausführung steuern – der Plan wird Wirklichkeit

Das Gegenstück zum Projektplan ist die Projektausführung. Im Projektplan haben Sie beschrieben, wie Sie das Projekt durchführen wollen. In der Projektausführung steuern Sie diesen Prozess. So wie Sie im Projektplan alle Aspekte des Projektmanagements gedanklich zu einem großen Ganzen zusammengesetzt haben, so müssen Sie bei der Projektausführung alle Teile im Auge haben und alles zu einem großen Ganzen zusammenfügen.

Alles im Blick behalten

Und dies ist keine leichte Sache. Während Sie dafür sorgen, dass der Zeitplan eingehalten wird, müssen Sie sich auch darum kümmern, dass die Qualität der Liefergegenstände stimmt und die Kosten nicht aus dem Ruder laufen. Risiken werden zu Problemen und müssen gemanagt werden. Neue Risiken entstehen und Sie müssen planen, wie Sie damit umgehen. Dabei müssen Sie das Projektteam und die anderen Stakeholder auf dem Laufenden halten und immer wieder Interessengegensätze aushandeln.

Missverständnisse sind Projektalltag

Projektmitglieder kommen aus unterschiedlichen Abteilungen, oft auch aus unterschiedlichen Ländern. Sachverhalte, welche für die einen eindeutig sind, sind es für andere nicht. Hinzu kommt, dass sich Anforderungen, Inhalt und Umfang des Projekts und infolgedessen alle anderen Pläne ändern. Die negativen Auswirkungen solcher Missverständnisse können bedeuten, dass der Zeitplan nicht gehalten wird, die Kosten steigen und die Qualität des Ergebnisses nicht den Vorstellungen des Kunden entspricht.

Alle auf dem Laufenden halten

Missverständnisse im Projekt gehören zum Alltag. Sie werden vermieden, wenn alle Beteiligten ein gemeinsames Verständnis vom Projekt haben. Grundlage dafür ist, dass jeder immer die letzte Version des Kommunikationsplans haben sollte. Damit hat jeder einen Überblick darüber, wo er welche Informationen findet und wann er über welche Punkte informiert wird. Zum gemeinsamen Verständnis gehört auch, dass jeder Stakeholder versteht, dass nicht alle seine Anforderungen erfüllt werden, sondern nur diejenigen, die in die Inhalts- und Umfangsbeschreibung des Projekts aufgenommen wurden.

Linienmanager informieren

Eine Quelle von Missverständnissen birgt auch immer der Einsatz von Mitarbeitern aus einer Linienabteilung. Der Linienmanager sorgt dafür, dass der Einsatz mit den Arbeiten in der Linie koordiniert wird. Dafür muss er immer den aktuellen Terminplan haben und über Änderungen im Terminplan, die seine Mitarbeiter betreffen, informiert werden.

Organisation auf dem Laufenden halten

Abteilungen, die von den Projektergebnissen betroffen sind, werden oft vor vollendete Tatsachen gestellt, da sie nicht ausreichend über das Projekt informiert sind. Deshalb sollten Sie immer über den Stand des Projekts informiert sein, damit sie ihre eigenen Planungen darauf einstellen können. Ein gemeinsames Verständnis vom Projekt ist nicht nur innerhalb des Projekts, sondern auch in den Teilen der Organisation notwendig, die von dessen Ergebnissen betroffen sind.

Überwachen und Steuern: Projekt bleibt auf Kurs

Projektleiter sind wie Piloten in einem Flugzeug. Mit jeder Bewegung des Flugzeugs verändert sich dessen Umgebung. Die Aufgabe des Piloten ist es, das Flugzeug auf Kurs zu halten. Im Cockpit laufen alle Informationen zusammen: Daten außerhalb des Flugzeugs wie Luftdruck, Flughöhe und Windgeschwindigkeit sowie Daten des Flugzeugs wie Kerosinverbrauch, Öldruck und Geschwindigkeit der Turbinen. Die Aufgabe des Piloten ist es, die Daten auszuwerten und daraufhin die Maßnahmen zu ergreifen, mit denen das Flugzeug auf Kurs bleibt.

Projekt steuern

Damit Sie als Projektleiter das Projekt steuern können, brauchen Sie wie der Pilot Informationen von der Außenwelt; in diesem Fall Infos zu veränderten Anforderungen und Informationen über das Projekt selbst, wie zum Beispiel Veränderungen bei den Projektmitgliedern. Sie steuern das Projekt, indem Sie daraus Schlüsse ziehen und entsprechende Maßnahmen ergreifen. Und dazu haben Sie folgende Möglichkeiten: Korrekturen, Fehlerbeseitigung, Änderungen und präventive Maßnahmen.

Korrekturen

Mit Korrekturen bringen Sie die Projektausführung wieder in Übereinstimmung mit dem Basisplan. Korrekturen können Sie nur vornehmen, wenn Sie kontinuierlich den Projektfortschritt mit den Basisplänen vergleichen. Weicht der Projektfortschritt vom Basisplan ab, dann ist dies ein Anlass für eine Korrekturmaßnahme. Je früher Korrekturmaßnahmen ergriffen werden, desto leichter ist die Korrektur durchzuführen.

☑

So erkennen Sie, ob Korrekturen notwendig sind:

- ☐ Überwachen Sie kontinuierlich den Projektfortschritt und vergleichen Sie diesen mit dem Basisplan, um Abweichungen festzustellen.
- ☐ Legen Sie fest, ob Korrekturmaßnahmen notwendig sind.
- ☐ Ermitteln Sie die Gründe für Abweichungen, damit die richtigen Korrekturmaßnahmen ergriffen werden.
- ☐ Kontrollieren Sie, ob die Korrekturmaßnahmen den gewünschten Erfolg bringen.

Korrekturmaßnahmen verändern in der Regel die Projektausführung. Es wird dann effektiver gearbeitet oder der Materialverbrauch wird reduziert. Korrekturmaßnahmen können auch die Basispläne verändern. Beispielsweise dann, wenn Sie feststellen, dass Arbeiten nicht so schnell wie geplant durchgeführt werden können, oder die Projektmitarbeiter besser geschult werden müssen. In diesem Fall führt eine Korrekturmaßnahme zu einer Änderungsanforderung, die wie jeder andere Plan erst im Genehmigungsverfahren gebilligt werden muss, bevor sie umgesetzt werden kann.

Korrekturmaßnahmen werden ergriffen, wenn Abweichungen vom Basisplan festgestellt werden, präventive Maßnahmen werden dagegen bereits ergriffen, wenn festgestellt wird, dass Abweichungen möglich sein könnten. Beispiele für präventive Maßnahmen: Ein Problem taucht auf und durch eine Maßnahme wird verhindert, dass es erneut vorkommt; ein Mitarbeiter wird ausgetauscht, weil sich zeigt, dass er der Projektaufgabe nicht ganz gewachsen ist; das Projektteam wird in einem Thema geschult, das es vermutlich nicht beherrscht. Präventive Maßnahmen, die aufgrund von Vermutungen ergriffen werden, sind nicht so eindeutig abzuleiten wie Korrekturmaßnahmen. Auch präventive Maßnahmen können die Basispläne verändern und so zu einer Änderungsanforderung führen.

Präventive Maßnahmen

Es ist nicht zu vermeiden, dass Fehler passieren. Die Folge davon ist beispielsweise, dass ein Liefergegenstand nicht die Anforderungen erfüllt oder schlichtweg nicht funktioniert. Hier hilft nur eins: Der Liefergegenstand muss noch einmal erstellt werden. Kleine Fehler lassen sich innerhalb des bestehenden Basisplans beseitigen, größere in der Regel nicht.

Fehlerbeseitigung

Egal wie gut Sie Ihr Projekt geplant haben, es wird immer Änderungsanforderungen geben. Diese verändern oder erweitern Inhalt und Umfang des Projekts. Aber auch Korrekturen, präventive Maßnahmen und die Beseitigung von Fehlern können, wie wir gerade gesehen haben, zu Änderungen im Projekt führen. Änderungen sind aufwendig, denn Sie beeinflussen nicht nur Inhalt und Umfang des Projekts, sondern auch die Kosten und den Zeitplan. Je später entdeckt wird, dass Änderungen notwendig sind, umso teurer ist es, diese zu berücksichtigen. Studien zeigen, dass Änderungen, die erst in einer späten Projektphase entdeckt werden, etwa hundertmal so teuer sind, als bereits zu Beginn des Projekts erkannte. Das oberste Gebot heißt deshalb: Vermeide Änderungen, und wenn sie sich nicht vermeiden lassen, dann erkenne sie so früh wie möglich.

Änderungsanforderungen

☑ **So beugen Sie Änderungsanforderungen vor:**

- ☐ Definieren Sie einen Prozess, mit dem Änderungsanforderungen gesteuert werden.
- ☐ Richten Sie ein Gremium für die Genehmigung von Änderungsanträgen ein.
- ☐ Sorgen Sie dafür, dass nur genehmigte Änderungen umgesetzt werden.

Genehmigungsgremium für Änderungen

Änderungsanforderungen berühren die Interessen von vielen. Deshalb ist der Projektleiter nicht immer in der Lage, endgültig über eine Änderungsanforderung zu entscheiden. Ein Gremium zur Genehmigung von Änderungsanträgen hilft Ihnen, diese Entscheidungen zu fällen. Es sollte so besetzt sein, dass es möglichst viele Stakeholderinteressen vertreten kann. Eine typische Besetzung: der Projektleiter, der Kunde oder Auftraggeber, der Projektsponsor und Fachexperten.

Änderungen managen

Die folgenden Maßnahmen führen dazu, dass nur notwendige Änderungen und nur genehmigte Änderungen umgesetzt werden:

- **Ursachen für Änderungsanforderungen beseitigen:** Der Projektleiter sollte erkennen, welche Ursachen immer wieder zu Änderungen führen und diese beseitigen. Stellt zum Beispiel ein Stakeholder immer wieder Änderungsanforderungen, so kann es hier helfen, wenn er stärker in das Projekt eingebunden wird.
- **Änderungen erkennen:** Änderungsanträge können von jedem Stakeholder kommen. Je früher sie kommen, umso leichter lassen sie sich realisieren.
- **Auswirkung der Änderungen beschreiben:** Jede Änderung hat eine Auswirkung auf das Projekt. Bevor ein formeller Änderungsantrag gestellt wird, muss deshalb klar sein, welche Auswirkungen die Änderung auf das Projekt hat.
- **Änderungsantrag erstellen:** Ein Änderungsantrag ist ein formales Dokument, mit dem der Antragsteller eine Änderung des Projekts fordert. Dieser muss begründet sein. So wie der Antrag selbst ein formelles Dokument ist, so ist auch die Ant-

wort auf den Antrag ein formelles Dokument, mit dem die Änderung genehmigt oder abgelehnt wird.

- **Veränderung managen:** Ziel ist es hier, den Änderungsantrag anzunehmen oder abzulehnen. Für diese Entscheidung muss die Veränderung bewertet werden. Die Kernfragen sind hier: Bringt die Veränderung dem Projekt einen Nutzen und ist die Veränderung notwendig? Sind diese Fragen mit Ja beantwortet, dann muss nach Möglichkeiten gesucht werden, wie die Änderung ohne großen Aufwand umgesetzt werden kann. Erst nachdem diese Informationen zusammengetragen sind, kann die Entscheidung über Annahme oder Ablehnung gefällt werden.
- **Basispläne ändern:** Genehmigte Änderungsanträge haben Auswirkungen auf die Basispläne. Nach der Genehmigung müssen diese geändert und kommuniziert werden.
- **Erwartungen managen:** Änderungen beeinflussen das Projekt und damit auch Anforderungen von bestimmten Stakeholdergruppen. Eine Änderung, die den Fertigstellungstermin nach hinten verschiebt, muss den Stakeholdern erklärt und verdeutlicht werden, damit diese nicht ein Ergebnis erwarten, wenn es noch nicht fertig sein kann.
- **Änderungen ausführen:** Mit der genehmigten Änderung ist das Projekt ein anderes, das in neuen Basisplänen beschrieben ist. Die Projektausführung beruht jetzt auf diesen Plänen und alle Ergebnisse werden auch mit diesen neuen Plänen überwacht.
- **Budget anpassen:** Mit jeder Änderung ändert sich auch der Aufwand für das Projekt und das bedeutet, dass auch das Budget angepasst werden muss.

Tipp:
Holen Sie sich mit dem Projektauftrag die Erlaubnis ein, über bestimmte Änderungsanträge ohne ein Gremium zu entscheiden. Das können zum Beispiel alle Änderungsanträge sein, die keinen Einfluss auf Inhalt und Umfang des Projekts haben.

In Abbildung 41 ist dargestellt, wie Änderungsanforderungen in einem Projekt gemanagt werden.

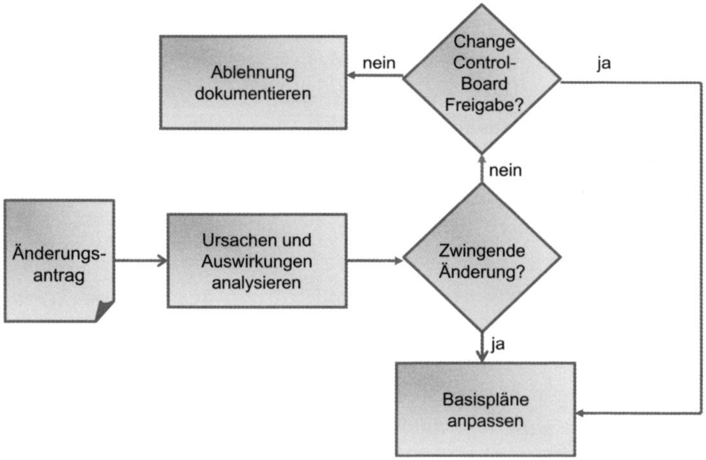

Abbildung 41: Änderungen werden durch einen geregelten Prozess genehmigt oder abgelehnt.

Projektabschluss: endlich am Ziel!

Wenn Kinder ein Puzzle beendet haben, zeigen sie es ganz stolz ihren Eltern. Was sie meist vergessen, ist, den Platz wieder aufzuräumen, an dem sie das Puzzle zusammengesetzt haben. Das Puzzle ist erst beendet, nachdem auch der Tisch oder die Ecke im Zimmer wieder aufgeräumt ist. In einem Projekt ist dies nicht anders.

Projektabschluss

Mit der Übergabe der Liefergegenstände an den Kunden ist das Projekt noch nicht beendet. Zur Erstellung der Liefergegenstände war eine Vielzahl von Aktivitäten erforderlich. Pläne wurden gemacht, Mitarbeiter für das Projekt gewonnen, Aufträge erteilt und vieles mehr. Erst wenn all diese Aktivitäten formal abgeschlossen sind, ist das Projekt beendet.

So gehen Sie beim Projektabschluss vor:

- ☐ Überprüfen Sie, dass die Liefergegenstände den Anforderungen entsprechen. Lassen Sie sich das Ergebnis des Projekts formell vom Kunden oder Auftraggeber abnehmen.
- ☐ Beenden Sie alle Vertragsverhältnisse formell.
- ☐ Erstellen Sie einen Abschlussbericht.
- ☐ Archivieren Sie alle Projektdokumente.
- ☐ Ermutigen Sie das Projektteam und die Stakeholder Lessons Learned zu verfassen und stellen Sie diese mit denjenigen zusammen, die bereits während des Projekts erstellt wurden.
- ☐ Übergeben Sie alle Dokumente an die Linienorganisation.
- ☐ Entlassen Sie die Projektmitarbeiter aus dem Projekt.

Im Integrationsmanagement ist der Projektleiter der Kristallisationspunkt und die Schaltstelle für alle Arbeiten. Dabei müssen Sie den Überblick behalten, erkennen, wann Veränderungen notwendig sind, die richtigen Entscheidungen treffen und alle Stakeholder im Boot behalten.

13. Der erfolgreiche Projektleiter

Abschließend stellt sich eine entscheidende Frage: Wann ist ein Projektleiter erfolgreich? Erfolg im Projektmanagement lässt sich messen. Erfolgreiche Projektleiter schließen ihr Projekt termingerecht und im Rahmen des bereitgestellten Budgets ab. Das Ergebnis, das sie abliefern, erfüllt alle Anforderungen und stellt den Auftraggeber und die Kunden zufrieden. Die Methoden, Techniken und Tools des Projektmanagements helfen ihnen dabei, sich auf die wichtigen Dinge zu konzentrieren. Und dies sind vor allem die folgenden:

Der Kunde

Sie tragen im Projekt die Verantwortung dafür, dass die Anforderungen des Kunden oder Auftraggebers erfüllt werden. Ihr Augenmerk muss darauf liegen, die Anforderungen zu verstehen und im Projekt umzusetzen. Aber auch die Art und Weise, wie Sie mit dem Kunden umgehen, trägt dazu bei, dass dieser mit Ihnen und dem Projekt zufrieden ist.

Das Managen des Projekts

Projektleiter sind zwar für das Projektergebnis verantwortlich. Das heißt aber nicht, dass sie das Ergebnis erarbeiten. Projektleiter sorgen dafür, dass die Experten in ihrem Projekt dies effektiv und motiviert tun. Konzentrieren Sie sich darauf, die Arbeiten im Projekt zu planen, zu überwachen und zu steuern.

Ihre eigene innere Einstellung zum Projekt

„Projektleiter sollten ihr Projekt lieben, aber nicht an ihm hängen“. Mit dieser Einstellung haben Sie den größten Spielraum für Ihr

Handeln. Sie helfen Ihrem Projekt wie einem Kind in allen Lebenslagen, unterstützen und fördern es so lange, bis es eigenständig ist und allein „laufen“ kann. Sie können sich aber auch vom Projekt trennen, wenn die Rahmenbedingungen für eine erfolgreiche Durchführung fehlen.

Grenzen erkennen und Grenzen setzen

Behalten Sie einen realistischen Blick dafür, was Sie und Ihr Projektteam leisten können. Sagen Sie „Nein“ zu Anforderungen, die nicht erfüllt werden können. Je früher Sie dies tun, umso weniger Enttäuschungen wird es am Ende geben.

Soziale Kompetenz

Projektmanagement ist mehr als nur die Anwendung von Methoden, Techniken und Tools des Projektmanagements. Diese sollten Sie souverän beherrschen. Genauso wichtig sind aber auch Sie mit Ihrer Persönlichkeit und Ihren sozialen Kompetenzen. Ein Projekt managen Sie dann gut, wenn Sie neben den in diesem Buch beschriebenen „harten“ Fähigkeiten auch noch die sogenannten „weichen“ Fähigkeiten oder Soft Skills besitzen: Präsentieren, Gespräche führen, Verhandeln, Workshops und Besprechungen leiten und moderieren, Mitarbeiter führen und Konflikte bewältigen. Diese „weiche Seite“ habe ich in meinem Buch „Projektmanagement – Soft Skills für Projektleiter“ dargestellt. Mit Methoden, Techniken und Tools geben Sie dem Projekt eine Struktur. Mit Soft Skills gestalten Sie die Interaktion mit dem Auftraggeber, Ihrem Team und allen anderen Stakeholdern.

Projektmanagement ist eine faszinierende Tätigkeit. Mit jedem Projekt, das Sie managen, erweitern Sie Ihre Kompetenzen und Erfahrungen im Projektmanagement. Damit managen Sie Ihr nächstes Projekt besser und erwerben wiederum eine größere Kompetenz im Projektmanagement. So setzen Sie eine Spirale für eine erfolgreiche Karriere als Projektleiter in Gang.

Verzeichnis der Checklisten

Literaturverzeichnis

Andler, Nicolai: *Tools für Projektmanagement, Workshops und Consulting*. 2. Auflage, Erlangen: Publics 2009.

Bohinc, Tomas: *Projektmanagement – Soft Skills für Projektleiter.* Offenbach: GABAL 2006.

Deutsches Institut für Normung e.V.: DIN 69901, Projektmanagement – Projektmanagementsysteme. Berlin, Beuth Verlag 2009.

Drews, Günter/Hillebrand, Norbert: *Lexikon der Projektmanagementmethoden*. München: Haufe 2007.

Litke, Hans-D.: *Projektmanagement. Methoden, Techniken, Verhaltensweisen, Evolutionäres Projektmanagement*. 5., erweiterte Auflage, München: Hanser 2007.

Noe, Manfred: *Der effektive Projektmanager. Die persönliche Komponente im Projektmanagement*. Erlangen: Publics 2009.

Portny, Stanley E.: *Projektmanagement für Dummies*. 2., überarbeitete Auflage, Weinheim: Wiley-VCH 2007.

PMI Institute: *A Guide to the Project Management Body of Knowledge (PMBOK® Guide)* – Fourth Edition 2009.

Projektmagazin. www.projektmagazin.de

Reichert, Thorsten: *Projektmanagement. Die häufigsten Fehler, die wichtigsten Erfolgsfaktoren*. München: Haufe 2009.

Tumuscheit, Klaus D.: *Überleben im Projekt. 10 Projektfallen und wie man sie umgeht*. Heidelberg: Redline 2007.

Stichwortverzeichnis

Der Autor

Dr. Tomas Bohinc kann auf langjährige Erfahrungen in einem großen Unternehmen zurückblicken. Seit 1984 ist er für die Deutsche Telekom AG und ihre Vorgängerorganisationen in unterschiedlichen Bereichen tätig.

Er studierte Physik, Nachrichtentechnik sowie Philosophie und absolvierte ein Postgraduiertenstudium im Bereich Team- und Organisationsentwicklung und hat beim PMI-Institut das Zertifikat als Project Management Professional erhalten. Seit 2001 ist er bei T-Systems, einem Tochterunternehmen der Deutschen Telekom AG, tätig und ist dort u. a. für die Qualifizierung von Projektleitern verantwortlich.

Er ist Autor des Buches „Projektmanagement: Softs Skills für Projektleiter" und veröffentlicht seit über 15 Jahren regelmäßig Fachartikel. Mehr Informationen zum Autor und zu den Themen des Buches finden Sie auf der Internetseite zum Buch: **www.Grundlagen-Projektmanagement.bohinc.de**

Kontaktadresse des Autors

Dr. Tomas Bohinc, Waldstraße 52, 64569 Nauheim,
E-Mail: Tomas@Bohinc.de

Die 30 Minuten-Reihe
Prägnant, praxisorientiert, vielseitig

GABAL

Jeder Band 80 Seiten, 11x18 cm, 2-farbig, empfohlen von N24
€ 6,50 (D) /€ 6,70 (A) / sFr 10,50

Tim Schlüter, Michael Münz
30 Minuten Twitter, Facebook, Xing & Co.
ISBN 978-3-86936-077-5

Jens Ferber
30 Minuten Basiswissen Wirtschaft
ISBN 978-3-86936-076-8

Lothar J. Seiwert, Wolfg
Maison, Holger Wöltje
30 Minuten Zeit-management mit iPhc
ISBN 978-3-86936-03

F. Ion, M. Brand
30 Minuten für mehr Work-Life-Balance durch die 16 Lebensmotive
ISBN 978-3-89749-870-9

D. Koenig, L. Seiwert, S. Roth
30 Minuten für optimale Selbstorganisation
ISBN 978-3-89749-126-7

Oliver Geisselhart
30 Minuten Power-Gedächtnis
ISBN 978-3-86936-07

Svenja Hofert
30 Minuten für erfolgreiche Bewerbungsanschreiben
ISBN 978-3-89749866-2

Helmut Muthers
30 Minuten für „ver-rückte" Unternehmer
ISBN 978-3-89749866-2

T. Draxler, A. Cheung
30 Minuten Gesundh management
ISBN 978-3-86936-07

Weitere Informationen finden Sie unter www.gabal-verlag.de